建成环境的舒适度营造

马 欣 王睿智
杜昀瞳 宋婉玥 著

中国建筑工业出版社

图书在版编目（CIP）数据

建成环境的舒适度营造／马欣等著．—北京：中国建筑工业出版社，2021.8
ISBN 978-7-112-26457-5

Ⅰ.①建… Ⅱ.①马… Ⅲ.①建筑－舒适性－研究
Ⅳ.①TU-023

中国版本图书馆CIP数据核字（2021）第159446号

从城市建设的历史来看，人的建设行为都是对自然环境的人工化改造，使其变成建成环境。人们为自己的活动需求创造了建成环境，反过来，又根据自己的需求去挑选能达到舒适度要求的建成环境去开展活动。这其中，核心的问题就是舒适度的营造。本书围绕建成环境舒适度进行分析与研究，选取了住区、下沉广场两类具有代表性的建成环境作为主要研究对象，并选取了北京市的部分典型案例，从舒适度评价体系的构建、影响因素以及微气候模拟数值分析的角度，采用了调研访谈、实测、模拟等方法进行了较为详细的分析研究，在此基础上可以得出一定的舒适度营造策略。本书适用于建筑学专业在校师生及相关专业从业者、建筑爱好者阅读参考。

责任编辑：唐　旭
文字编辑：吴人杰
责任校对：赵　菲

建成环境的舒适度营造
马　欣　王睿智　杜昀瞳　宋婉玥　著
*
中国建筑工业出版社出版、发行（北京海淀三里河路9号）
各地新华书店、建筑书店经销
北京锋尚制版有限公司制版
北京中科印刷有限公司印刷
*
开本：787毫米×1092毫米　1/16　印张：8¼　字数：168千字
2021年8月第一版　2021年8月第一次印刷
定价：39.00元
ISBN 978-7-112-26457-5
（37823）

序

　　2012年的时候，北方工业大学建筑营造体系研究所成立了，似乎什么也没有，又似乎有一些学术积累，几个热心的老师、同学在一起，议论过自己设计一个标识。

　　现在，以手绘的方式，把标识的含义谈一下。

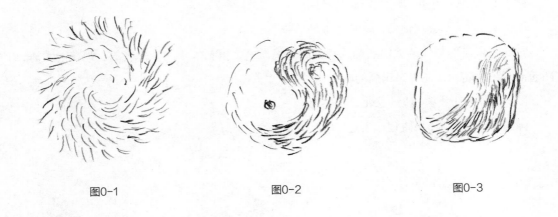

图0-1　　　　　　　　　　图0-2　　　　　　　　　　图0-3

　　图0-1：建筑的世界，首先是个物质的世界，在于存在。

　　混沌初开，万物自由。很多有趣的话题和严谨的学问，都爱从这儿讲起，并无差池，是个俗臼，却也好说话儿。无规矩，无形态，却又生机勃勃、色彩斑斓，金木水火土，向心而聚，又无穷发散。以此肇思，也不为过。

　　图0-2：建筑的世界，也是一个精神的世界，在于认识。

　　先人智慧，辩证思想。又有金木水火土，相生相克。中国的建筑，尤其是原材木构框架体系，成就斐然，辉煌无比，也或多或少与这种思维关系密切。

　　图0-3：一个学术研究的标识，还是要遵循一些图案的原则。思绪纷飞，还是要理清思路，做一些逻辑思维。这儿有些沉淀，却不明朗。

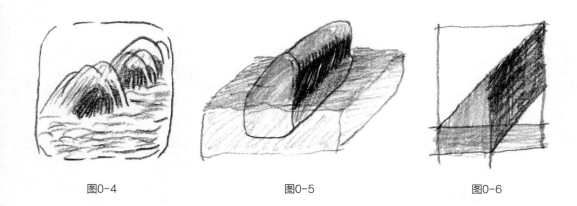

图0-4   图0-5   图0-6

图0-4：天水一色可分，大山矿藏有别。

图0-5：建筑学喜欢轴测，这是关键的一步。

把前边所说的自然的大家熟知的我们的环境做一个概括的轴测，平静的、深蓝的大海，凸起而绿色的陆地，还有黑黝黝的矿藏。

图0-6：把轴测进一步抽象化、图案化。

绿的木，蓝的水，黑的土。

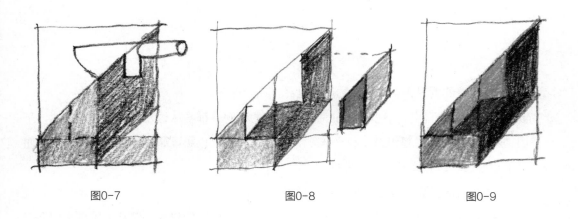

图0-7   图0-8   图0-9

图0-7：营造，是物质转化和重新组织。取木，取土，取水。

图0-8：营造，在物质转化和重新组织过程中，新质的出现。一个相似的斜面形体轴测出现了，这不仅是物质的。

图0-9：建筑营造体系，新的相似的斜面形体轴测反映在产生她的原质上，并构成新的

五质。这是关键的一步。

五种颜色，五种原质：金黄（技术）、木绿（材料）、水蓝（环境）、火红（智慧）、土黑（宝藏）。

技术、材料、环境、智慧、宝藏，建筑营造体系的五大元素。

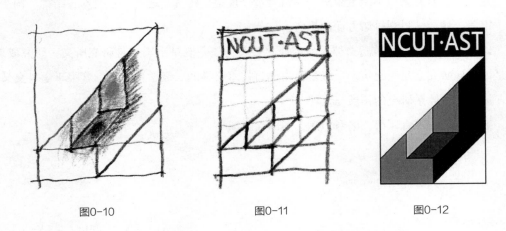

图0-10　　　　　　　　图0-11　　　　　　　　图0-12

图0-10：这张图局部涂色，重点在金黄（技术）、水蓝（环境）、火红（智慧），意在五大元素的此消彼长，而其人的营造行为意义重大。

图0-11：将标识的基本线条组织再次确定。轴测的型与型的轴测，标识的平面感。NCUT·AST就是北方工业大学/建筑/体系/技艺，也就是北方工业大学建筑营造体系研究。

图0-12：正式标识绘制。

NAST，是北方工大建筑营造研究的标识。

话题转而严肃。近年来，北方工大建筑营造研究逐步形成了以下要义：

1. 把建筑既作为一种存在，又作为一种理想，既作为一种结果，更重视其过程及行为，重新认识建筑。

2. 从整体营造、材料组织、技术体系诸方面研究建筑存在；从营造的系统智慧、材料与环境的消长、关键技术的突破诸方面探寻建筑理想；以构造、建造、营造三个层面阐述建筑行为与结果，并把这个过程拓展对应过去、当今、未来三个时间；积极讨论更人性的、更环境的、可更新的建筑营造体系。

3. 高度重视纪实、描述、推演三种基本手段。并据此重申或提出五种基本研究方法：研读和分析资料；实地实物测绘；接近真实再现；新技术应用与分析；过程逻辑推理；在实践中修正。每一种研究方法都可以在严格要求质量的前提下具有积极意义，其成果，又可以作为再研究的基础。

4. 从研究内容到方法、手段，鼓励对传统再认识，鼓励创新，主张现场实地研究，主张动手实做，去积极接近真实再现，去验证逻辑推理。

5. 教育、研究、实践相结合，建立有以上共识的和谐开放体系，积极行动，潜心研究，积极应用，并在实践中不断学习提升。

建筑营造研究工作不断凝聚对于建筑营造之理论、传统、地域、新技术、结构、构造材料、审美、城市、景观等诸方面的思考。

以北方工业大学建筑营造体系研究所之要义为序，既是由于这是研究所又一研究成果；又是因为该研究立足于建筑学一级学科内建筑技术科学的二级学科方向，着眼于学科交叉融合，恰是营造体系研究的拓展与延伸。

拙笔杂谈，多有谬误，诸君包涵，感谢大家。

贾　东

前　言

随着城市化进程的加快，城市建设量日益增大，持续的高强度建设对人类社会发展和生态保护需求产生了巨大的冲击，这种不论是正面的，还是负面的冲击对城市居住者的影响既在有些方面表现得很突出，例如交通问题、污染问题等；又在某些方面产生潜移默化的影响，例如城市微气候、使用者的体验感等。城市中建成环境的舒适度问题是城市居住者生存环境与自然生态环境的重要环境评价因素，是适宜的规划与设计的重要设计目标。从使用的角度，建成环境舒适度是直接影响使用效率、频率、感受的重要依据；从规划设计的角度，建成环境舒适度营造是设计建造的重要组成部分；从生态环境的角度，建成环境舒适度的微气候参数是改善城市热环境的重要途径之一；从社会经济的角度，高质量的建成环境舒适度可以满足居民活动休闲的需要，带动城市发展，最大限度发挥城市建设的社会效益。

本书对建成环境舒适度营造进行研究，围绕舒适度的核心问题，选取了住区和下沉广场两类具有代表性的建成环境开展调查研究、分析、模拟计算等工作。构建了舒适度评价体系，从微气候角度确定了舒适度评价的客观参数。本书选取北京市有代表性的15个住区以及2个下沉公共空间进行调研，整理出建筑规划格局类型与特征，进行了主观评价，构建了物理模型，运用了软件模拟计算分析，对典型建成环境的舒适度营造进行了评估。在此基础上，设定空间格局、绿化因素等变量进行微气候客观参数的模拟计算，总结影响建成环境舒适度的一般规律与特征，进而得出了建成环境舒适度营造的优化策略，以期对未来建成环境的营造提供参考。

本书的研究工作是对建成环境舒适度营造的阶段性成果，在现有研究之外，建成环境的范畴还很宽泛，模拟计算的变量因素还有很多细节，本书还未能全覆盖，本书的出版也希望是抛砖引玉，希望给研究者、设计者提供帮助，给建设者们提供建议和参考，为改善提升建成环境的舒适度作出贡献。

目 录

第1章 绪论

1.1 环境

在人类生活在地球的数百万年里，人类的繁衍生息受到了直接或间接的各种因素影响。从广义的层面，环境一般被公认为在人类生存空间内，影响人类生活和发展的各种因素的总和。

按照环境的属性来分类，一般把环境分为自然环境和人文环境。自然环境一般指围绕在人类周围的大自然，主要是指未经过人工改造而天然存在的环境，是客观存在的各种事物的总和。从某种意义上来讲，人类与所有有生命和无生命的事物一样，都是自然的产物，也是组成自然环境的一部分。但是，人类是自然界最独特的生命体，所以，在人类不断发展演变的过程中，形成了人文环境。人文环境就是人类在自然环境的基础上不断创造的物质的和非物质的所有事物的总和。其中，物质的环境主要包括聚落、城市、人工景观、建筑、物品等；非物质的环境主要包括社会风俗、契约法律、制度体系、精神心理等。

在维基百科网络词典中，对"环境（Environment）"一词列出了各个分支，来诠释环境的范畴，包括生物环境、物理环境、社会环境、自然环境、建成环境、知识环境和作为计算机专业术语的环境[1]。按照上面的分类，其中"生物环境"属于自然环境，而"物理环境""建成环境""社会环境""知识环境""作为计算机专业术语的环境"均属于人文环境。由此可见，在人类生活的一定的环境中，人类既是环境的产物，又是环境的创造者与改造者。而随着人类社会的不断发展，人工改造后的人文环境的变化越来越大，其范畴也越来越宽泛，人类在使其自身适应环境同时也不断为了提高生存质量来改造环境，把自然环境转变为人工环境。人类在不断向自然界索取物质能量的同时，又不停地向环境排放废弃物和无序的能量，尤其在工业革命之后，这种人工环境和自然环境的交换已经出现超过自然环境允许阈值的现象。我们的地球现在已经处于过多人口和过度消费的境地，对环境已经产生了不可弥补的影响，反之，环境也对人类健康产生了直接影响。人类活动对环境的影响可能会破坏人类自己亲手创建的文明。所以，摆在人类发展面前的环境问题是不容忽视的。

之于城市与建筑行业而言，我们面临的宏观环境是研究各个问题的背景，也是不容忽视的，我们今天如果把从环境的视角来看待城市建设作为对建筑师和城乡规划师的基本要求，应该也不算为过。我们现在需要也必须在这样的背景下探讨事关人们"生存"和"舒适"的环境设计。

1.2 建成环境

在维基百科网络词典中，对"建成环境（Built Environment）"的描述是"为人的活动而构造的周边背景，从大尺度的市政背景到个人的场所"[1]。建成环境可以被认为是自然环境的反义词，在城市中，建成环境意味着经过城市规划、建筑设计以及景观设计的人造环境。建筑群体的组合布局与相应的构筑物以及环境要素共同构成了建成环境。这些建成环境在形态上既有广阔性又有聚集性，在功能上具有较强的针对性，成了承载使用者室内活动之外的行为及心理需求的物理空间。

建成环境之所以不同于自然环境，是因为经过了人为的设计，城市中的各种公共空间都属于建成环境的范畴。城市中居民除必须在室内进行的活动之外，会有大量的活动是在建成环境中进行的。扬·盖尔在《交往与空间》一书中提出人的户外活动行为包括3种类型：必要性活动、自发性活动、社会性活动[2]。不同的活动类型所适宜的环境也不同。必要性活动指的是几乎所有人在日常生活、工作、学习中都会参与的活动，不受时间、场地等外在条件的约束，是人的基本行为。自发性活动指的是人在一定的环境条件下，自主意愿驱动人去开展的一些活动，例如在公园中散步、赏花、划船等。社会性活动指的是在一定环境下，多个个体共同开展同一活动，比如球赛、儿童做游戏、交谈等，社会性活动多发生在公共场合中。

近年来，国内外学者对建成环境开展了各种各样的研究与实践工作。概括起来主要有如下几个方面：其一，从城市规划理论的角度出发，从宏观角度研究，重点探讨居民使用与公共空间布局以及各种设施布置等因素的关系；其二，关注建成环境规划与更新的研究，主要研究公共空间与绿地系统人均比例、可达性、公平共享性等指标，建成环境的绿地系统对环境品质和居民活动意愿关系与设计策略；其三，以"绿色"为主题的建成环境定性研究以及利用风环境模拟等手段进行使用后评价研究。

对建成环境的研究可以发现城市空间规划设计的优劣，可以反推环境内人的行为，也可以探讨环境设计的方法。然而，建成环境从行为学、心理学、美学等方面进行了较为完善的设计研究之后，其环境的微气候对使用者也有很大的影响。因此，在现有城市空间中呈现出一些建成环境内部景观组织有序，但环境舒适度差的问题。这样的建成环境，让居民在进行各类活动时受到其微气候的制约较大，对居民整体户外活动质量影响较大。因此，系统地进行建成环境微气候评价与设计的研究还不多，也是很多专家学者认为这是值得深入研究的一个方向。

城市中建成环境的涉及面十分宽泛，从上述的概念不难看出，建成环境中与人的行为密切相关空间都是承载了人的日常休闲与社会生活等功能的公共开放活动的空间。休闲空间主要包括满足使用者聚会、交流、活动等公共需求以及增进人文情怀，同时适合各年龄段人群活动的区域。这部分空间由于定位的不同，尺度、目标用户、主要社会功能的不同而呈现出不同的模式和形式。这其中，如果不考虑特定功能，比如纪念性广场、礼仪性广场、大型公园等，与使用者日常行为关系最为密切的就是与城市住区密切相关的休闲公共空间以及与城市商业密切相关的商业休闲公共空间。本书将以这两类作为主要的研究对象，进行建成环境的舒适度研究。同时考虑的公共空间的形式差异，分别选取了住区中的典型公共空间以及商业休闲公共空间中的下沉广场作为典型建成环境开展深入的探讨，既覆盖了城市中公众主要活动使用的空间，又涉及了地上地下两种不同层次特点的公共空间，使典型建成环境舒适度营造研究具有扩展性和更强的可借鉴意义。

1.3 微气候

气候是一个宏观的概念，是一个自然科学的名词，它是一个地区大气物理特征的长期状况的平均值，是一个相对稳定的状态。正如我们所说的湿润、干燥、寒冷、炎热等，这些关于气候的描述是一个地区基本固有的特征，对于城市与建筑设计而言，气候是设计的前提和背景，是不可改变的。

微气候是不同于气候的概念，也被称为"小气候"。它只是借用了气候中的一些参数对一定空间的环境特征进行了描述。相对于气候而言，它是一个更加微观的概念，它是小范围内形成的与人的主观感受具有密切关系的物理特征状态。它具有范围小、变化大的特点。

范围小的特点表现在两个方面：微气候所评价的空间范围有限，一般指一个特定的建成环境空间，且研究的高度都是离地几米这个范围；微气候评价的参数相对比较少，一般是指温度、湿度、风速、太阳辐射等四个基本参数。

变化大的特点表现在三个方面：同一建成环境中，水平方向和垂直方向存在比较大的差异；各参数值随一天的时间而数值变化较大，随季节变化具有较大差异性；微气候参数受到影响因素多，且这些因素的变化大，例如下垫面的材质、植物配置的基本情况都会影响到微气候，但是这些因素受各种因素影响容易发生改变。

微气候对城市中的使用者影响很大，因为人们绝大多数活动都在近地面层内进行，而这个范围的微气候又最容易按照人的设计与使用而发生变化。例如，绿化的改变、下垫面土壤、硬质铺装、水面、植被、改造微地形以及围合界面的设置等都可以改变微气候，这其中有可能使其符合人们使用的需要以及舒适感的要求，同时也有可能客观上带来不利的因素。因此，微气候是对建成环境研究的重要手段和重要组成部分。

在科学研究中,微气候因其特殊性,在观测时一般不能使用气象台站的仪器和观测方法,需要利用专门的仪器和方法进行研究,也可以使用特定的计算机软件加以模拟。因其与舒适度关系密切,本书将在舒适度营造研究中对其参数进行具体的分析阐述。

1.4 舒适度

舒适是描述人的主观状态的语汇之一,它既包括了身体上的感觉,也包括了精神上的感受。我们一般认为一种平静、安宁、轻松、愉悦的精神状态是舒适的,而相反,混乱、烦躁、紧张、痛苦的精神状态是不舒适的。而且,一般而言,舒适是在满足了人的基本安全和健康的基础之上而讨论的。决定一个人是否舒适的因素涉及众多方面。近代以来,很多心理学家对舒适的问题进行了广泛的研究,然而时至今日仍然没有对其标准和成因有确切的结论。著名心理学家马斯洛(Abraham Harold Maslow)提出了"马斯洛原理",将人的需求层次分为5层,分别是生理需要、安全需要、情感归属需要、尊重需要、自我实现需要。很多学者认为从这五个层次而言,满足的层次越高和越多,就会越舒适。

舒适是通过人的感觉而产生的,它必须通过人的感官系统接收到他当时所处的环境信息,经过大脑的综合判断,才能形成舒适的感觉。其中,环境信息既包括客观存在的可见、可听、可触的实物信息;又包括可感知的温度、湿度、风速等物理信息;还包括历史文化背景、周围人群活动、瞬时心理状态等非物质信息。城市设计师、景观设计师和建筑设计师虽然不能改变与社会个人相关联的非物质信息,但都希望营造出良好的环境,尽可能提供给使用者实物和物理基础。因而,对舒适问题的研究是开展设计工作的重要组成部分。

由于舒适的感觉不同,影响因素众多,为了统一对舒适感的评判,也为了更加准确地去衡量人的舒适感,"舒适度"这一术语就应运而生了。舒适度可以简单地理解为舒适的程度,根据产生感觉所要获取的信息,可以分为主观舒适度和客观舒适度。

主观舒适度主要涉及与需要经人主观评判的实物与非物质信息。例如,可见的建筑与设施、可触的物品设施的材质、空间尺度比例、空间使用需求的多样化、人际关系、服务设施体系等。这是个综合评判的结果,也是个开放标准评判的结果。人的主观世界是十分复杂的,再叠合进不同的环境之中后,就会更加复杂。比如,从事严谨工作的财务人员一般在工作中以规矩、条理为舒适度高;但是在非工作状态可能会以自由灵活感觉更舒适。又比如,一个围绕在乔木、灌木、地被之中的休息座椅会让人感觉尺度宜人,从而舒适度高;但是在一个纪念性的广场,尺度的适当夸张才能让人感受到庄严与肃穆。因此,主观舒适度是综合性的评判,也是开放性的评判。主观舒适度的评价标准是需要根据不同的对象和特定特征而有所选择的。

　　客观舒适度主要是指与人生理感受密切相关的物理信息，是使用一些较为精确的物理参数进行描述的客观指标。例如，热舒适度、光舒适度、声舒适度等。其中，热舒适度是最常用和最为普遍的，同时也是最早开始被学者们研究的舒适度指标。对人而言，热舒适度十分重要，它是使用者在环境中活动的最为基本的生理需求，由于大部分人是有着相似的热舒适度评判标准的，也就是说，大部分人对于基于热参数的舒适感觉是相似的。所以，热舒适度的指标可以相对固定地适用于各种环境舒适度的评价，同样，也可以根据具体参数值来评价舒适度的高低。鉴于以上原因，一般除非特殊说明，"舒适度"也被绝大部分研究者默认为是"热舒适度"了。在本书中，除主观舒适度的特殊注明以外，谈及舒适度评价参数之处均指热舒适度。

　　舒适度的评价与营造研究是十分具有价值的。建成环境的舒适度评价可以判定出建成环境的优劣以及建设、使用过程中存在的不足与问题，为优化和改善建成环境质量提供依据，也可以为管理者和使用者提供相应的指导和建议。对于设计师而言，在设计过程中，提前建立舒适度营造的概念，从方案阶段就开始进行相关的设计准备工作，使新建设的公共空间从源头上提供使用者优质的公共环境空间。舒适度问题已经越来越被重视，舒适度的营造也已经上升到了总体规划层次，而不是仅仅局限在一个广场或公共空间的设计。例如，在北京市总体规划中就涉及了舒适度的描述。本书根据不同的类别选取北京市的典型建成环境进行舒适度营造的评价与研究，对舒适度研究提供较为详细的方法论和实例。

第2章 舒适度营造研究

在对舒适度研究的历史上，不同领域的研究者开展了不同角度的研究。心理学家通过动物实验对心理舒适需求进行研究；医学科学家通过对抑郁症等心理疾病患者研究舒适感觉在人体内的成因，以及多巴胺的增加和减少对人的心理舒适感受影响；人文学者从"宜居性"的角度探讨人的需求满意度，从事设计行业的工作者也从使用后评价的角度进行评估研究。本章将从主观舒适度和客观舒适度的角度，结合典型案例的基本特征，在基于使用特征和微气候的基础上对舒适度营造的基本体系、参数与方法进行探讨。

2.1 舒适度评价与营造的主要方法

在目前研究院领域中存在很多种评价方法，这些方法各具特点，也各有针对性，在开展工作的时候，往往也是多种方法共同使用，取长补短，以便使评价和营造研究工作更科学、更适合研究目标。

2.1.1 观察法

观察法可以分为行为观察法和参与性观察法。

行为观察法是在实地调研的过程中研究人员仔细观察和记录建成环境内使用者的行为，了解使用者的偏好、兴趣、需求、不满的所在。这种方法的优点在于可以使研究者深入到使用者身边，了解到使用者在没有外界压力时真实的行为表现。

参与性观察法是研究者以被观察者的身份成为被观察的人群之一，并总结研究者参与实验之后的切身感觉以及对被研究建成环境更为直接和主观的评价，进而为其他研究方法得出的结论提供补充。在参与性观察中，研究者要特别注意首先要使自己融入建成环境中，这不仅可以使研究者产生与使用者相同或相似的舒适度感受，也使得不至于因为研究者的存在从而影响、干涉、改变真正使用者的行为特征。

在应用观察法进行研究工作时，要特别注意的是观察者要以中立的态度进行工作，提前所做的准备工作一般仅停留在基础资料的完善上，避免观察者有一定的心理暗示或目标预期，从而过度重视或忽略某些真实存在的问题。只有在经过一定的研究基础上而需要补充观察时，可以针对一定预设问题，进行辨别研究真伪的验证性观察，但也要注重观察者的中立态度。

2.1.2　问卷调查及访问法

问卷调查法是在被研究的建成环境现场或通过网络等特定媒介向预先设定一定范围的使用者发放设置相关问题的问卷，通过解读问卷所反馈的信息，了解使用者的切实使用感受和意见。

在开展问卷调查时，要特别注意发放问卷的时间和人群，尽可能做到问卷发放的时间段涵盖目之所及的尽可能多的人群；尽可能做到满足一定数量基数的有效回收样本量。在设计问卷题目时，一般将题目设置为三部分：答卷者基本信息、以问题为导向的涉及主观评价的题目、开放式题目。其中，主观评价的题目设置要在研究者提前进行过观察、基础资料整理、适度了解和预设影响使用者舒适度的因素等条件下进行设计，以使得问卷设计与研究目标更加贴合。题目数量设置应适中，尤其是面向普通使用者的问卷调查不能过多，开放式题目也宜在1～2题，以免使用者答题疲惫。题目和选项的语义表达尽量通俗易懂，避免过于专业或晦涩，有条件的情况下，调查者可以协助被调查者解读题目，书写答案，使得问卷结果更加真实反映实际使用者的感受。

有些研究为得到业内人士的观点，可以专门面向具有专业背景的专家学者发放问卷，这一类问卷的设计要突出专业性，聚焦预先研究的可能性问题。两类问卷在统计时要分开统计，在进行综合考量时，一般采用不同的权重系数。

访问也是一种社会学调查方法，与问卷调查有一定的相似之处，访问者通过对被访问者的询问和讨论，直接获得他们针对有关问题的探讨或者对于评价项目的意见。相对于发放问卷而言，访问的方式可以更加灵活地进行调查，可以根据被访者回答问题的实际情况，灵活调整下一步访谈的内容，更准确和清晰地得到研究者需要的信息，也避免无效问卷的产生。但是，这样的访问需要了解研究目标的专业人员来进行，也需要访问者提前做好大量的准备工作，现场花费时间也较长，访问者还需要有良好的亲和力和语言能力，使访谈可以顺利进行。

2.1.3　影像分析法

影像分析法是以拍照或录像等方式记录被研究建成环境内的空间、建筑、设施、景观等要素的基本状况和使用现状，在研究中对这些影像资料进行整理和分析，进而得到有效信息。

在进行影像拍摄的时候同样也要注意，拍摄者尽可能处于相对隐蔽或者相对独立的位置，不至于对现场使用者变更使用行为。在拍摄记录时，影像要能反映使用行为的全貌以及周边环境的全貌，并同时记录下照片不能反映出的相关信息，条件允许下，可以分别拍摄远、中、近景的影像。

2.1.4　文档资料分析法

文档资料分析主要是通过分析各种资料中的信息来了解研究对象的基本信息与既有研究内容等，掌握建成环境使用者各方面的基础信息，了解评价主客体的不同文化、背景等问题，总结既往研究的情况，并可以与现在的情况进行对比研究。

2.1.5　统计学方法

前述研究方法得出的研究结果主要是面向主观舒适度营造的指标和结果。对其结果应该进行统计和整理，在主观舒适度描述上，主要是采用相关的词汇进行描述，在进行各类主观舒适度问题的总结和比较性研究中，需要采用合适的统计学工具和方法进行进一步的研究。

SD量表法是通过收集使用者对于所评价对象的各项舒适度评价内容的结论，进而制定表格，量化为详细数据进行整理分析，以获得直观的数据信息，最终得到基于评价对象和评价指标体系的定量评价结果。SD量表的设定一般会基于问卷调查统计出的数据，SD量化尺度根据研究者的具体研究目标、不同建成环境的特征以及设定问题的层次，分为若干级，量化分值，制作成平均语义分布曲线，根据使用者对各项因素的评价等级进行量化分析。在进行评价中，确定各级评价因素，建立评价因素集是建立整个评价体系的重要过程[4]。

AHP层次分析法[3]是在20世纪70年代由美国运筹学家匹兹堡大学的教授萨迪提出的一种综合评价方法。当研究对象包括一定数量级的影响因素，且影响因素以多目标形式存在时，可以选用此定性定量的评价方法来解决。这种方法把目标方案拆解量化，量化出多组指标，对指标进行分类，加以约束条件，排列出多个层级。这样就可以把一些定性的问题通过模糊的量化方法经过多重计算进行层次的单排序运算得到各个指标的相应的优先权重值。然后通过数学的公式进行加权求和，求得各个备选方案对总目标的总权重，数值最大的备选方案就是相对最优方案。最优方案的权重值，是该方案在特定规定下的评价准则在总目标方案中的相对优越程度。将目标计划量化重组后，每个二级目标相对于总目标的相对重要性的加权值也被分配，对立的二级目标项的权重值可以排列出初步顺序，进行下一步运算整理。因此，获得了每个指标的总体排名和上层指标的权重。计算完毕后，就可以得出单个二级或三级目标对于上一级的目标的相对权重值。分配计算后的加权值可以作为前一个目标层次的参考权重值，从下到上逐步选择，最后选择最优解。因此，目标方案是通过定性分解来达到多个定性指标模糊的目标水平的下一层次，并计算各个目标权重的排序和总目标权重的排序，这是一个以此来优化包含多目标方案决策的系统方法。

上述常用的统计学方法是对主观评价的结果定量化处理的工具和手段，在具体的研究工作中，需要根据建成环境的特点不同、研究的重点不同、涉及的主观评价的语汇不同而进行适应性的调整。本书在借鉴该方法的同时，根据典型建成环境的差异性而建立的不同层级评价指标，进行了一定的主观舒适度指标权重的确定和调整，以使得研究方法的应用更具针对性。

2.1.6 数据测量法

数据测量法主要是针对客观舒适度评测的方法。主要是测量建成环境的舒适度相关物理参数，这是一个客观的数据收集，不涉及与主观满意度有关的舒适度感觉。

数据测定一般应具有普遍性和代表性。普遍性主要是指采集数据应该包含不同季节、不同时间段、不同使用模式的空间等，使数据具有普遍的一般规律，而非某个特定条件下的结果。代表性是指特殊时间和特定活动下的数据、与人群活动密切相关地点的数据等。比如，特定节假日使用者开展特定活动时的数据、特定地点方位的数据。数据采集具有代表性的主要目的是使得客观舒适度参数与主观舒适度的评价能对应起来，共同作为研究对象的特征进行分析研究。

2.1.7 计算机模拟方法

计算机模型方法是通过计算机运算的方法，模拟实际的建成环境，对数值进行模拟计算或者对场景进行模拟构建，从而达到进行分析研究和模拟评估评价的目标。计算机模拟方法分为数值模拟计算和图像场景模拟评估。

数值模拟主要是基于实际建成环境的尺度特征，建立数学模型，对空间比例、界面特征、材料材质等进行模拟限定，在当地气候条件基础上，进行舒适度各项物理参数指数的模拟计算。数值模拟研究可以利用计算机运算的优势，有效地弥补了实测数据测量的局限性，而且也可以通过计算，获取全天或全年、特定时间段或特定时间点的数据，利于舒适度的评估。如果在设计期间引入数值模拟，还可以根据设计方案模拟计算结果，预计建成效果，从而优化设计，为实际建设节约成本，创造更好的效益。

图像场景模拟主要是基于建成环境的实际状况，建立图形图像模拟，通过三维模型模拟实际场景，让被试者观察体验，从而在实验室条件下得出一定的主观舒适度评判和满意结论。随着计算机技术的发展，近年来VR技术得以广泛的应用，VR技术具有真实感增强、代入感明显的特征，可以更好地让被试者进行体验实验，从而得出更为可靠的研究结论，对建成环境舒适度评价和设计深化提供更有效的帮助。

舒适度评价与营造是一个综合性的课题，上述方法从不同的角度切入被研究的建成环境，各有侧重。除此之外，还可以通过认知地图等环境行为心理学方法进行补充研究，随着技术的不断发展、媒介的多样性，也可以利用收集网络评分与投票等手段扩充公众参与的设计研究。多样化的方法运用更有利于建成环境舒适度研究的公正性。与之同时，由于建成环境的复杂性，经常还需要上述各种方法的组合运用，以便优势互补，取得更科学的研究结果。

2.2　舒适度评价体系构建

构建舒适度评价体系是一个复杂的系统。其中主观层面的评价是与使用者密切相关的基于建成环境的基本物质条件的各种非物质信息。其涉及面十分宽泛，而且跨越了从宏观到微观不同层级，同时需要研究的信息与需要评价的因素也由于所评价的建成环境的不同而不同。因此，进行评价的语汇可能不同，评价所用的方法可能不同，评价的指标体系也有可能根据对象特征而不同。对于客观舒适度层面的因素，虽然其所用的参数指标是相对固定的，但是，在整个体系中的比重也是依据具体建成环境的不同而有所差异的。所以，不同的舒适度评价体系构建的基本目标是一致的，各类评价体系之间是可以互相借鉴的。

2.2.1　舒适度评价的标准

在进行一般科学问题的研究时，都要求统一标准，同时在通用或业界公认的标准下开展工作。但是，建成环境的研究以及舒适度营造研究中，由上文阐述可知评价对象的不确定性以及涉及面的宽泛和差异性，评价标准往往不可能统一。这就要求研究者在开展工作前，首先合理确定评价标准，在制定标准的时候主要应该遵循几个原则：

第一，全面性原则。进行评价的标准和指标要能涵盖研究对象所涉及的各方面问题，同时要能涉及可能影响建成环境舒适度的各种因素，这就要求提前做好基础资料的整理分析工作，尽量避免在研究过程中发现研究因素缺少而造成的反复重新工作的问题。

第二，特殊性原则。建筑环境因其各自不同的所处位置、面向人群、功能特征等，其主要的舒适度指标应该有所侧重，把握研究对象特殊性，确定符合目标建成环境特定的标准。

第三，重点性原则。根据研究目的不同，对研究的问题就各有侧重，舒适度营造的涉及面十分广泛，在研究中要有所侧重，这就体现在进行综合的评判时，各个考量因素应有不同的权重，从而确定重点突出的标准体系。

第四，科学性原则。对于部分舒适度指标，国内国际是由相关的行业规范和指导原则的。例如，对热舒适度的评价，就有相应的通用标准，也有相关实测方法的一般原则，因此，对于这部分标准的制定就要有依据，科学合理。

2.2.2　住区典型建成环境的舒适度评价体系构建

住区建成环境主要是指住区中提供给居民的公共休闲空间。在构建其舒适度评价体系时，首先要考虑的是科学合理的理论依据，城市设计、建筑学、行为心理学、景观美学等基本理论应是其主要理论依据。其次在指标体系中，评价因素集的选择要具有代表性，能够准确描述所评价对象的特征特点。这些因素要相互独立且相互联系，组成系统的结构，能按照一定的层级系统的进行排布，从上而下，从总体到细部，形成完整的评价体系。

　　根据住区内建成环境的主要居民活动的性质与内容进行分类，将一级评价因素（准则层）分为活动空间、交往空间、观赏空间、步行空间、配套设施5个指标进行评价（表2-1）。

一级评价因素说明表 表2-1

一级因素	说明
活动空间	包括：大范围活动区域、集会场所
交往空间	包括：交谈的场所、小范围活动的区域
观赏空间	包括：植物种类、景观小品
步行空间	包括：道路铺装的材料、色彩，道路流线的设置
配套设施	包括：健身器材、座椅舒适程度、遮阳设计、安全维护措施

　　其中，每个一级评价因素，分别根据每一因素中各自的属性特点，构建自身的二级评价因素（指标层）（表2-2～表2-6）。

活动空间的二级评价因素说明表 表2-2

二级因素	说明
活动场地面积	场地面积是否满足与活动时需求、在活动时是否感到拥挤
活动场地可达性	与居住场所的距离的远近、活动后到休息区域的距离
活动区域舒适度	在活动时身体的感觉（偏冷或偏热）
活动设施的数量和类型	器材种类是否满足活动需求、数量是否充足
场地铺装情况	地面铺装是否舒适（软硬、防滑）

交往空间的二级评价因素说明表 表2-3

二级因素	说明
空间数量	和其他居民聊天的地方的数量
空间可达性	与居住场所的距离的远近、与其他区域的距离
空间私密性	在和其他人聊天时是否会被其他区域的人干扰到
吸引程度	是否喜欢和朋友来此聊天休憩
满足需求	是否满足您日常的聊天交流

观赏空间的二级评价因素说明表 表2-4

二级因素	说明
绿化植物种类	小区内植物是否丰富
绿化植物观赏性	植物的搭配和造型上是否美观
水池景观观赏性	有水体的景观，是否觉得美观舒适
空间尺度感	整体空间上的感觉是否舒适（压抑或者轻松）
地面铺装观赏性	地面的铺砖图案是否感到满意

步行空间的二级评价因素说明表 表2-5

二级因素	说明
道路网疏密程度	道路的宽窄、道路数量是否足够
道路方向指示	在行走时，是否有明确的方向指示
道路铺装材料	行走时候道路的软硬程度，是否防滑
道路通达性	道路是否能够到达小区的各个区域
无障碍通道设置	对残疾人以及老年人等特殊人群是否有特殊道路设计

配套设施的二级评价因素说明表 表2-6

二级因素	说明
户外照明状况	晚间行走、活动的时候，照明能否确保正常的活动进行
识别指示合理性	小区中相关的指示牌和标识是否清晰准确
停车场设置	停车的区域是否对活动有影响
配套设施安全性	小区中的护栏、健身器材、座椅等设施是否牢固安全
配套设施数量	小区中的健身器材、座椅等数量是否充足

根据两个层级的具体需要涵盖的宏观舒适度的范畴和因素指标，构建了分层级的两级评价因素集，共计25项。以此作为住区建成环境的舒适度评价体系（表2-7）。

住区建成环境评价因素集表 表2-7

目标层	一级因素（准则层）	二级因素（指标层）
住区建成环境评价因素集	活动空间（5项）	活动场地面积
		活动场地可达性
		活动区域舒适度

目标层	一级因素（准则层）	二级因素（指标层）
住区建成环境评价因素集	活动空间（5项）	活动设施的数量和类型
		场地铺装情况
	交往空间（5项）	空间数量
		空间可达性
		空间私密性
		吸引程度
		满足需求
	观赏空间（5项）	绿化植物种类
		绿化植物观赏性
		水池景观观赏性
		空间尺度感
		地面铺装观赏性
	步行空间（5项）	道路网疏密程度
		道路方向指示
		道路铺装材料
		道路通达性
		无障碍通道设置
	配套设施（5项）	户外照明状况
		识别指示合理性
		停车场设置
		配套设施安全性
		配套设施数量

在此评价因素集的框架下，具体对选样的住区建成环境进行舒适度主观评价和客观评价。在评价过程中，主观因素以问卷、访谈等方式获取基本评价，然后用统计学方法进行各级因素的相互比较和关联度分级评判。

2.2.3　商业休闲下沉广场典型建成环境的舒适度评价体系构建

商业休闲下沉广场主要是以承载各种商业活动为主，其间分布着餐饮业和零售业商业设施，并能够为使用者提供举行公共活动和娱乐休憩的室外开放空间，也可承载城市中人们的个人或集体性文化活动，能够成为所在区域富有活力的节点。由于其公共性、开放性的特征，其面向人群是不同于住区中较为固定的使用人群，而是面向更宽泛的使用者。因此，其建成环境构建舒适度评价体系时，不再以活动的性质与内容分层，而是采用物质环境、社会环境、人为层面来确定一级评价因素（准则层）。

其中，每一层级根据拟评价指标的类别各分为2个二级因素（指标层1）。物质环境层分为自然环境层面和建成环境层面；社会环境层分为环境心理层面和社会文化层面；人为层面分为尺度感知层面和氛围感知层面。

在二级因素内，分别根据每一因素中各自的属性特点，构建自身的三级评价因素（指标层2）（表2-8~表2-13）。

自然环境层面的三级评价因素说明表　表2-8

三级因素	说明
微气候	太阳辐射、风速、温湿度等
避雨雪烈日设施	特殊天气供使用者躲避雨雪，夏季时满足遮挡烈日曝晒的需求
绿化植被	乔木、灌木、地被等植物状况
水景水系	景观水池水系、调节温湿度等微气候的水景

建成环境层面的三级评价因素说明表　表2-9

三级因素	说明
地面铺装	地面铺装材质、铺砖图案、防滑等
无障碍设施	对残疾人以及老年人等特殊人群是否有特殊设计
公共服务设施	交通引导设施、辅助服务设施等满足使用需求
休息设施	休息座椅等设施是否安全适用
噪声状况	环境噪声干扰情况
夜间照明状况	晚间行走、活动的时候，照明能否确保正常的活动进行
卫生状况	整体环境卫生状况是否影响正常活动，是否满意

环境心理层面的三级评价因素说明表　表2-10

三级因素	说明
空间界面	划分为适应不同活动的小空间的界面分隔
边界	下沉广场的边界形式，引导人流的边界
可达性	到达广场的距离和便利性

社会文化层面的三级评价因素说明表   表2-11

三级因素	说明
场地管理	场地的安全防护，运行维护的质量
市民活动	市民自发的活动，吸引观看者和参与者的吸引力
商业活动设施	特色商业设施
文化活动设施	特色文娱设施

尺度感知层面的三级评价因素说明表   表2-12

三级因素	说明
空间尺度	下沉广场尺度及比例关系，封闭感或开敞感
下沉深度	下沉广场与地面的垂直高度以及相应比例关系

氛围感知层面的三级评价因素说明表   表2-13

三级因素	说明
历史文化氛围	下沉广场建筑、小品的文化内涵，地域性风格
公共艺术美观性	公共艺术品的设置

根据三个层级的具体需要涵盖的宏观舒适度的范畴和因素指标，构建了分层级的三级评价因素集，共计22项。以此作为下沉广场典型建成环境的舒适度评价体系（表2-14）。

下沉广场典型建成环境评价因素集表   表2-14

目标层	一级因素（准则层）	二级因素（指标层1）	三级因素（指标层2）
下沉广场典型建成环境评价因素集	物质环境层面（11项）	自然环境层面（4项）	微气候
			避雨雪烈日设施
			绿化植被
			水景水系
		建成环境层面（7项）	地面铺装
			无障碍设施
			公共服务设施
			休息设施
			噪声状况
			夜间照明状况
			卫生状况

目标层	一级因素（准则层）	二级因素（指标层1）	三级因素（指标层2）
下沉广场典型建成环境评价因素集	社会环境层面（7项）	环境心理层面（3项）	空间界面
			边界
			可达性
		社会文化层面（4项）	场地管理
			市民活动
			商业活动设施
			文化活动设施
	人为层面（4项）	尺度感知层面（2项）	空间尺度
			下沉深度
		氛围感知层面（2项）	历史文化氛围
			公共艺术美观性

在此评价因素集的框架下，具体对选样的下沉广场典型建成环境进行舒适度主观评价和客观评价。在评价过程中，主观因素以问卷、访谈等方式获取基本评价，然后用统计学方法进行权重赋值计算。

2.3　舒适度评价的客观参数

建成环境舒适度评价客观参数是描述使用者对室外环境微气候的主观感受与客观存在耦合的参数集合。其中主要涉及温度、湿度、风速和太阳辐射等基本参数，以及基于舒适度的特定参数。

2.3.1　太阳辐射

太阳是地球的能源来源，微气候所有的指标都与太阳辐射指标相关，针对建成环境微气候而言，太阳辐射直接影响到直射日照和遮阳，并由此影响到温度、湿度以及局部风环境。

直射太阳辐射受建筑阴影、天空云量等因素影响，一天之内变化幅度相对比较大，在实地评价时，一般采用直射太阳辐射值（W/m^2）计量。对应主观舒适度感受而言，主要涉及的人员在建成环境中接受直射日照程度的影响。

2.3.2　空气温度

温度是评价建成环境的冷暖程度的物理量。在气候学中，空气温度的年变化和日变化一般都是周期性。在建成环境微气候中，空气温度除了受到宏观变化的影响，由于所处环境空间比例尺度不同、下垫面不同、界面材质不同，局部空气温度会有差异。

2.3.3 空气湿度

空气湿度是评价室外空气中含有水蒸气多少的物理量指标。在大尺度的范围内，空气湿度与地表水分有密切关系。在建成环境微气候尺度的范围内，空气湿度主要受到局部地面材质、下垫面材料影响，产生局部的变化。空气湿度用相对湿度来衡量，一般认为40%以下算作干燥，70%以上算作潮湿。实验表明，当气温适中时，湿度对人体的影响并不显著。因为湿度主要影响人体的热量代谢和水盐代谢。

2.3.4 风

在气候学中，水平的气流运动被称作风[5]。对于城市而言，根据风力不同，其有时对环境有利，有时对环境有破坏性作用。从城市宏观层面，自然环境中的风进入城市可以改善城市空气质量，降低城市污染物的聚集，改善城市热岛效应。但是对于过强的风，则会破坏建筑与景观设施，对人的行为活动产生不利影响。按照风力的强弱，风级分为0~12共13个等级，其中对应的风速为距地面10m高度处风速大小（表2-15）。

风速分级表 表2-15

风级	风速（m/s）	风名	风的目标标准
0	0.0~0.5	无风	缕烟直上，树叶不动
1	0.6~1.7	软风	缕烟一边斜，有风的感觉
2	1.8~3.3	轻风	树叶沙沙作响，风感觉显著
3	3.4~5.2	微风	树叶及枝微动不息
4	5.3~7.4	和风	树叶、细枝动摇
5	7.5~9.8	清风	大枝摆动
6	9.9~12.4	强风	粗枝摇摆，电线呼呼作响
7	12.5~15.2	疾风	树干摇摆，大枝弯曲，迎风步艰
8	15.3~18.2	大风	大树摇摆，细枝折断
9	18.3~21.5	烈风	大枝折断，轻物移动
10	21.6~25.1	狂风	拔树
11	25.2~29.0	暴风	有重大损毁
12	>29.0	飓风	风后破坏严重，一片荒凉

图表来源：刘加平. 建筑物理（第四版）[M]. 北京：中国建筑工业出版社，2009.

在建成环境微气候的微观层面，为了针对研究不同的风速下面对人群的影响，逐步将风速的标准更正为行人高度处（1.5m）风速等级。在这个层面，风的影响对使用者的舒适度影响会被放大。例如，建筑或边界形成特定的导风的形式可以形成局地风速过大，影响行人通行。又例如在夏季，适当的风速又可以带走一定的热量，有利于使用者的舒适感，冬季的风会加剧使用者寒冷的感觉。反之，微观层面的建成环境的形式、空间尺度等都会影响具体风环境。因此，风是舒适度评价的重要客观参数。

一般认为气温高于18℃，0.1～0.2m/s的微风对人体的体温调节不起作用，0.5m/s以上的风，则开始对人体的体温和舒适度主观感觉产生影响。实验表明，风速的增加会让人体的寒冷感知加强。相对比例大致为：风速每增加1m/s，人体的体表感知温度会下降2℃。风速增加幅度越大，下降比例也就随之增大。

2.3.5　标准有效温度（SET）

标准有效温度（Standard Effective Temperature，SET）是基于人体与外部环境的热交换的内外两部分：内部身体和外部皮肤而建立的。内部身体就是通常说的新陈代谢，通过呼吸，身体热量传递到外部环境和外部皮肤。热量可以通过蒸发、传递、辐射、对流等方式从人体散失到外部环境。SET指标以物理热传递为理论基础，并结合了不同的活动等级和服装阻隔因素影响，是国外较为常用的评价热舒适度的指标（表2-16）。

人对于标准有效温度（SET）的热反应　　　　　　　　　　　　　　　表2-16

SET/℃	热感觉	不舒适程度	人体的温度调节	健康状态
40		难以忍受	皮肤不能蒸发水分	
	很热	很不舒服		中暑的危险增加
	热	不舒服		
35				
	暖和	稍不舒服	血管缩长，排汗增加	
30				
	稍暖和			
25			无明显排汗	
	中和	舒适	正常健康状态	
	稍凉爽		血管收缩	
20				
	凉爽	稍不舒适		口干舌燥
15		行为改变		
	冷		开始寒颤	全身循环受到削弱
10	很冷	不舒适		

图表来源：T.A.MAX，E.N.Moles著. 陈士麟译. 建筑、气候、能量[M]. 北京：中国建筑工业出版社，1990.

2.3.6 PMV-PPD指标

预计平均热感觉指数（*PMV*）是丹麦Fanger教授提出的关于人体热反应的评价指标，代表了同一环境中大多数人的冷热感觉的均值。所以用来评价分析人体对环境中的热刺激的响应程度。该指标是建立在热舒适平衡方程的基础上的，其分为7个等级，分别为：–3寒冷；–2冷；–1稍冷；0适中；1稍热；2热；3炎热。*PMV*可以通过下面公式计算而得到[6]。

$$
\begin{aligned}
PMV = &\left[0.303 \times e^{-0.036M} + 0.0275\right]\left\{M - W - 3.05 \times 10^{-3}\right. \\
&\times \left[5733 - 7(M - W) - P_{\mathrm{a}}\right] - 0.42 \times (M - W - 58.2) \\
&- 0.0173M(5867 - P_{\mathrm{a}}) - 0.0014M(34 - t_{\mathrm{a}}) - 3.96 \times 10^{-8} f_{\mathrm{cl}} \\
&\times \left.\left[(t_{\mathrm{cl}} + 273)^4 - (t_{\mathrm{s}} + 273)^4\right] - f_{\mathrm{cl}} h_{\mathrm{c}}(t_{\mathrm{cl}} - t_{\mathrm{a}})\right\}
\end{aligned}
$$

式中　　M——新陈代谢率，$\mathrm{W/m^2}$

　　　　W——人体功率，$\mathrm{W/m^2}$

　　　　P_{a}——环境空气中水蒸气分压力，Pa

　　　　t_{a}——空气温度，℃

　　　　f_{cl}——人的穿着衣着体表面积与裸体体表面积之比

　　　　t_{s}——平均辐射温度，℃

　　　　t_{cl}——衣着人体外表面平均温度，℃

　　　　h_{c}——对流换热系数，$\mathrm{W/(m^2 \cdot ℃)}$

由于人的个体之间的差异，即使*PMV*=0时，也会有部分人感到不舒适，于是Fanger教授又提出了预计不满意者百分数（*PPD*）指标，其计算公式如下[6]：

$$PPD = 100 - 95\exp[-(0.3353PMV^4 + 0.2179PMV^2)]$$

PMV-PPD指标是室外热舒适度评价中最为常用的一个参数体系。在微气候的客观评价中被广泛应用。

2.4　舒适度营造的计算机模拟

在建成环境舒适度的评价和营造研究中，除了基于调查研究的主观评价和基于实测的客观评价之外，还可以通过计算机模拟的方法进行研究。计算机模拟主要是通过软件，建立实体模型和数学模型，进行舒适度的模拟计算。采用模拟计算的方式可以弥补数据实测过程中，由于受测试所需人力、物力及客观条件限制等原因造成的覆盖时间、空间点位不全等缺陷。

2.4.1　常用的计算机模拟软件

对于不同的舒适度参数有不同的软件进行模拟，也有一些软件可以进行综合的计算评价。所有的计算机模拟软件都是基于基本的物理学原理基础的，并根据评价目标的特性和城市规划、建筑、景观的专业需求进行平台的适应性开发，使得其更好地面向研究者（表2-17）。

常用的舒适度模拟计算的软件　　　　　　　　　表2-17

模拟软件名称	开发者（公司）	主要功能	备注
Ecotect	Autodesk	分析城市风向、气候学特征、日照等、建筑能耗分析、温度、舒适度、太阳辐射强度等	主要是可持续建筑设计及分析的软件工具，动态负荷计算方法
Phoenics	英国D.B.Spalding及合作者	流体和传热学模拟计算	计算流体和传热学的商业软件
Fluent系列软件	美国FLUENT公司	凡是和流体、热传递和化学反应等有关的模拟分析	目前通用的CFD软件包，对流体力学各类问题进行数值模拟计算研究，适用面广
ENVI-met	德国MichaelBrus（UniversityofMainz，Germany）	微气候模拟	主要适用于中小尺度建成环境的微气候模拟
PKPM	中国建筑科学研究院	模拟风环境、热环境、建筑节能	基于BIM技术（Revit）的国内模拟分析软件
WindPerfect	同济大学绿色建筑及新能源研究中心与日、美学者合作	风、热的模拟	基于SketchUp的模拟软件
清华日照	清华大学建筑学院	日照模拟分析	基于CAD平台应用
天正日照	天正集团	日照模拟分析	基于CAD平台开发

计算机模拟技术随着科学技术的发展，不断推陈出新，目前市场上已经有很多成熟的商业软件，各自也有不同的应用范围，而且，部分软件也不能通用，研究者一般可以根据研究目标进行选择，随着计算机技术的不断发展，软件模拟技术会更加成熟。

2.4.2　ENVI-met模拟软件

在上述各种常用软件中，ENVI-met对建成环境的中小尺度层面上的微气候模拟研究有较强的优势，也有较为广泛的应用基础。

ENVI-met软件是一款采用三维非静力流体学模型的模拟软件，通过研究建筑外表面、植物、空气等要素之间的热应力关系来模拟城市局部区域的小气候，ENVI-met能够较好地对室外热环境、建筑物、景观绿化之间的关系进行模拟。主要用于典型的水平解析度为0.5 ~ 10m的微尺度。典型的模拟时间为24 ~ 72h之间，时间步长可为1 ~ 5s，最大步长为10s[7]。本书采用ENVI-met4版本进行模拟计算。

运用ENVI-met进行模拟计算分析，首先需要在实地调研的基础上建立整体模型，模型的建立要使边界远离模拟中心。在水平方向上，模拟区域周围增加嵌套网格（Nesting Grids）作为缓冲区域，以减少横向的边界效应对于最终模拟结果的影响。模型的垂直高度一般为场地内最高建筑物的两倍，用以消除顶边界效应对于模拟结果的影响。其次，根据实际情况设置气象参数；参考提前取得的实际数据进行具体数值的控制。初始条件的设置会影响计算模拟结果，在进行计算模拟之前，要注意数值范围的合理，以免反复调整数学计算模型的数据，增加工作量（表2-18）。

ENVI-met输入设置内容　　　　　　　　　　　　　表2-18

类别	输入量
基础设置	输入输出路径、模拟时间、模拟时长、起始时间
气象参数	地理位置、10m高风速、风向、初始空气温度、225m高度含湿量、2m高相对湿度、云量、太阳辐射强度调整系数
下垫面及建筑属性	不同深度土壤初始温度及相对湿度、建筑室内温度、围护结构传热系数及反射率
模拟控制参数	不同太阳高度角下的时间步长、边界条件种类、湍流模型、嵌入网格层数、嵌入网格下垫面属性

图表来源：杨鑫，段佳佳. 微气候适应性城市 北京城市街区绿地格局优化方法[M]. 北京：中国建筑工业出版社，2017.

对于模拟计算的结果，需要和实测数据进行比对并进行验证之后才能用于进一步的模拟分析与研究。一般根据误差平方根值（Root-Mean-SquareError，RMSE）和平均绝对百分比误差（Mean Absolute Percentage Error，MAPE）来评判模型模拟结果是否有效。其计算公式如下[8]：

$$RMSE = \sqrt{1/n \sum_{i=1}^{n} (y_i^{'} - y_i)^2}$$

$$MAPE = \frac{1}{n \sum_{i=1}^{n} \dfrac{\left| y_i^{'} - y_i \right|}{y_i^{'}}} \times 100\%$$

公式中，$y_i^{'}$为模拟值，y_i为实测值，n为实测次数；$RMSE$为常用评价模拟精度的公式，$MAPE$采用百分比衡量模型无误差，不受原始数据取值范围影响，适用于不同数据采集对比[8]。有研究表明对于模型模拟结果数据的误差范围在空气$RSME$值居于1.31℃ ~ 1.63℃之间的，

相对湿度的 *MAPE* 值不超过5%的，即认定实测值和模拟值之间的误差符合有效范围内[8][9][10]。在验证之后，可以采用该模型进行研究所需的不同时间段模拟计算，也可以进行不同物理参数条件下的模拟计算比对研究。

ENVI-met模拟技术运算便捷、周期短、可控制变量，并且在理想状态下可以有效避免除去研究对象本身以外其他影响因素对结果的影响，得到更为直观有效的结论[11]。由于流体力学的复杂性以及一些限制条件导致无法实现精细模型的建立，存在以下一些不足：（1）模型对界面的窗户、装饰材料等细部不能建模；（2）模型模拟空间尺度有限，对下垫面的设定需要简化至2~3种，复杂的下垫面在中观尺度的模型中无法精确体现；（3）建筑模型体块自身不考虑热交换；（4）模拟水体仅限于静态水体；（5）设定的建筑材料反射率和热阻不会随着环境的复杂性而变化；（6）建筑表层温度、平均辐射温度均会比实际高，因为模型未能考虑材料的蓄热性，且除了水汽蒸发未考虑其他作用对数值的影响；（7）风速风向条件是固定的，无法进行动态的风环境评价[11][12][13]。

建成环境的舒适度营造是一个范围宽泛且系统复杂的体系，无论从使用后评价的角度，还是从指导方案设计的角度而言，都是需要综合分析目标研究问题的主要矛盾方面，有的放矢，选取适当的研究方法、构建有效合理的评价体系、实测模拟客观参数，从而对舒适度进行科学的评判和营造研究。

第3章 住区典型建成环境舒适度营造研究

随着城市的发展，城市建设中各类项目用地趋于紧张。其中住宅用地一直是建设的热点，一线城市的房价持续走高，人们对住区的各类相关配备指标也是越来越关注。大量住区以大面积集中绿地为公共活动空间，这样的建成环境景观效果好，但是有时也难以满足居民对于休闲活动空间的需求，造成了居民参与体验的下降。同时，很多住区呈现出建成环境内部景观组织有序，但尺度和规模都比较大，彼此之间的联系弱，温度、湿度、风速等微气候差异性大，环境舒适度差的问题。这样的住区室外环境，让居民在进行各类活动时受到其微气候的制约较大，对居民整体户外活动质量影响较大，有些甚至出现建成环境微气候恶劣，公共空间废弃无人使用的问题。国家颁布的《健康住宅建设技术规程（CECS179）》中对住区公共环境有明确要求："宜设置环境优美、设施齐全的户外活动空间吸引居住者参与户外活动"。对于住区规划与景观设计而言，不同模式的群体布局与不同模式的环境要素必然形成了不同的室外微气候。由于住区建设量巨大，设计师在设计前往往过多地追求空间特色，视觉美观与环境优美，一旦建成使用，就有可能出现环境优美但微气候条件恶劣，居民感觉不舒适等问题，从而导致了利用度低，实际上违背绿色住区、健康住区理念，造成巨大的资源浪费。舒适、便利的住区公共空间是建设健康住区的必要条件，微气候适宜、人体舒适度好的户外公共空间才有可能成为居民愿意使用的场所。这就使得户外空间环境的微气候质量以及舒适度的研究十分迫切。

3.1 住区建成环境类型与结构层次

通过对住区的调研，建成环境可以按照居民日常生活行为，划分为居民交往空间、景观观赏空间、活动健身空间三种大类型。

3.1.1 交往空间

交往空间可以根据居民活动的空间规模和活动性质，分为四类：大型群体交往空间、小规模群体交往空间、私密性活动空间、过渡空间。

大型群体交往空间主要是为居民进行集体的活动提供场地，例如广场舞。这类场地在面积上是最大的一类休闲空间。一般此类空间会搭配有健身空间和休憩设施，形成层次性较强的综合空间（图3-1）。

图3-1　北京蓝靛厂小区居民活动广场

　　住区中大规模活动在时间性上具有特殊性，主要是早晚时间段。小规模群体交往空间中的活动随处可见。居民喜欢和同年龄段的一起活动，例如老人们喜欢在一起下棋打牌。儿童喜欢在一起玩耍嬉戏。此类空间多与景观空间、交往空间相结合，一般活动范围较小，需要配备一定数量的配套设施共同使用，如座椅和遮阳顶棚（图3-2）。

　　居民在进行小规模活动的时候，需要私密性活动的小型空间。例如：老年人在独自静坐，晒太阳或者三五成群地打麻将、下棋时，不希望被外界打扰。使用者需要一个不易受干扰，相对独立的空间。私密性活动空间需要在交往空间中占一定的比例（图3-3）。

　　在居住小区的休闲空间中，没有任何一类空间能够独自满足居民的使用需求。需要和其他的活动空间、休憩空间等结合形成有层次的空间体系。组织功能不同的空间需要设计安置过渡空间。从使用者的角度出发，从人声鼎沸的活动空间到静谧祥和的观赏空间，如果没有过渡空间的转换和过渡，会让人感觉不舒服，短时间内无法适应（图3-4）。

图3-2　北京逸成东苑小区小型群体交往空间

图3-3 北京雍景四季小区私密性活动空间

图3-4 北京观澜国际小区过渡空间

3.1.2 景观观赏空间

住区中的小品、建筑、水体、绿化会对居民的视觉和心理状态带来影响。居民从住宅内来到户外开展活动，获得观赏内容时会采取就近便捷原则。现代居住小区中，景观观赏空间中景观元素越来越多样化。植物、地貌、岩石、水体、灯光等意象可以营造出观赏性强的景观空间供居民使用体验。通过居民在使用体验时的状态分为静态观赏和动态观赏两种形式（图3-5、图3-6）。

静态观赏空间主要分布在小区的主入口、中心广场，通过对景、借景等设计手法来建立中心景观，吸引居民来停坐、交谈、赏景。在此类景观的场地选择上，视线的通达性应该被放在首要位置，视野开阔的景观，容易让人群集中聚集，从而开展各种规模的活动。

动态观赏空间主要分布在小区步行空间的附近，呈现自由、灵活的布置特点。主要为居

图3-5　北京车道沟小区静态观赏空间

图3-6　北京车道沟小区动态观赏空间

民在步行、跑步的时候提供观景服务。从人性化的设计角度出发，注意成年人视点和儿童视点下不同的景观搭配。在地面铺装上选择不同色彩、材质来搭配不同的植物种类。利用步廊、台阶、假山等设计元素来增强动态观赏空间的引导性。在空间形态上，与步行道路形态耦合，避免直来直去的布置方法，采取非线性的布置，既可以在平面上曲折设计，又可以在竖向设计上出现高低变化，丰富使用者的视觉层次，增加趣味性和观赏性。

3.1.3　活动健身空间

居民选择户外活动的时候，在户外呼吸新鲜空气和锻炼身体是多数居民的出门活动原因。在活动形式上，成年人多会选择散步、跑步。老年人多会选择健身器材、散步。儿童多会在大人的陪同下进行玩耍，从居民活动的幅度来划分，可以分为稳态活动和动态活动。

稳态活动具体包含：静坐观赏、阅读思考、棋牌书画、交谈沟通，开展此类活动时，居民活动面积较小，需要较为安静的空间氛围，避免噪声干扰（图3-7）。

图3-7　北京逸成东苑小区居民开展稳态活动

图3-8　北京雍景四季小区居民开展动态活动

动态活动具体包括：广场舞、漫步穿行、打拳练剑、器材健身等。开展此类活动时，居民活动面积较大，需要较为开敞的空间，场地地面的舒适性和安全性较为重要，同时也应在场地设置时减少噪声对周围住宅楼和其他空间的干扰。注重场地的可达性（图3-8）。

基于居民不同的活动方式而产生了不同的公共空间建成环境，在实际使用中与最初的设计意图可能发生偏移，也可能产生使用中的独特需求和使用模式，而且其中的行为也是相互交叉、相互渗透的。上述主要类型的公共空间是建成环境中最主要的居民使用行为的发生地，除此之外，还有若干行为发生的建成环境，由于涉及面宽泛，所以不进行一一分类阐述，统一将其涵盖到步行空间和配套设施内。

3.2　典型住区建成环境实例舒适度评价分析

北京拥有大量的居住区，其规模、建成时间、设计布局等差异性巨大，其中在2000年之后，随着住房改革的深化、政策的改变，逐步开始了商品住宅小区建设的快速发展时期。本节中选取有代表性的住区进行调查分析研究，用第2章总结的方法进行总体舒适度评分，从居住者的角度简要探讨关于舒适度的居民满意程度。选择住区的布局形式包括：行列式、围合式、点群式。建成环境的休闲空间类型包括：健身空间、交往空间、观赏空间、步行空间、配套设施。

3.2.1　建成环境使用时间特征

调研住区时选取户外环境适宜的时间进行调研，恶劣天气下（大风、雾霾、雨雪天），居民很少到户外开展活动，调研参考价值很低，故不在研究范畴。在户外环境条件适宜时，居民会在户外开展多种自发性活动和社会性活动。通过对住区的现场调研，北京典型住区建成环境使用者的使用时间和活动类型较为统一，按照时间主要分为以下时间段：

（1）早8:00～10:00时段：居民活动内容以健身锻炼为主，活动形式包括：散步、广场舞、遛狗、跑步、静坐等。活动人群类型以老年人为主。在全天时段中，本时段的老年人活动人数最多。人数分布上，活动健身空间人数远远超过景观观赏空间和居民交往空间。

（2）上午10:00～12:00时段：居民在小区中的活动内容以静态活动为主，活动形式包括：聊天、下棋、打牌，少部分儿童会在家长陪同下玩耍。活动时间保持在30分钟～1小时。总体人数比早间时段要少。人数分布上，居民交往空间人数高于活动健身空间和景观观赏空间。景观观赏空间人数开始增多。

（3）中午12:00～14:00时段：居民在小区活动内容较为单调，主要以穿行通过为主。因为午餐和午休的原因，此时间段是活动人群的人数低谷。人数分布上，活动健身空间、景观观赏空间、居民交往空间人数较少，主要分布在连接各空间的步行空间当中。

（4）下午14:00～16:00时段，居民出行较多，户外聚集人数开始增加。在双休日活动人数比工作日会更多。在工作日，部分居民会在此时间段出门接孩子回家，因为出行人数增多，社会性活动的发生也开始增多，接送孩子的家长会停下来彼此交谈，儿童会在一旁进行游戏玩耍。居民活动形式上与上午的活动形式保持一致。人数分布上，活动健身空间、景观观赏空间、居民交往空间人数持平。

（5）傍晚17:00～19:00时段，居民主要以动态活动为主，此时受光照条件的限制，可开展的静态活动类型减少。能够活动的类型包括：广场舞、跑步、乘凉、球类运动等。人数分布上，居民交往空间和活动健身空间中人数较多，景观观赏空间中人数相对较少。

（6）晚间19:00以后时段，居民会在晚餐后出来开展轻体力活动，活动形式包括：散步、广场舞、健身器材锻炼等。部分照明条件较差的空间使用率下降，景观观赏空间的人数开始减少，居民喜欢在照明条件良好的健身活动空间及其附属空间中停留。

3.2.2 建成环境舒适度评价体系分析

在对北京15个居住小区[①]环境进行拍照、访谈、记录之后，选择6个小区[②]进行详细的访谈、问卷、现场观察等方法开展研究。根据问卷的调查结果，作为定量评价的数据来源。

根据前文2.2.2建立的评价体系以及准则层和指标层建立的评价因素集，对环境舒适度由使用者提出评价。具体分析时，请使用者在同一层级，对不同因素之间进行互相比较。划分5档衡量级别：绝对重要、十分重要、很重要、稍微重要、同样重要。对应9、7、5、3、1分值。越靠近两端表示重要程度越高，靠近中间表示重要程度接近。以一级因素（准则层）为例建立如下矩阵表格，供使用者评价（表3-1）。

---

① 15个小区包括：雍景天成、雍景四季、璟公院、璟公馆、远洋山水、兰德华庭、乐府江南、北京印象、美丽园、观澜国际公园、曙光花园、蓝靛厂、逸城东苑、杨庄中区、杨庄北区。

② 6个小区包括：曙光花园、蓝靛厂、逸城东苑、雍景四季、璟公馆、远洋山水。

住区建成环境一级因素（准则层）矩阵评价表　　　　　　表3-1

A	评价尺度									B
	9	7	5	3	1	3	5	7	9	
活动空间										交往空间
活动空间										观赏空间
活动空间										步行空间
活动空间										配套设施
交往空间										观赏空间
交往空间										步行空间
交往空间										配套设施
观赏空间										步行空间
观赏空间										配套设施
步行空间										配套设施

对二级因素（指标层）采用同样的方式分别在各一级因素中设立评价表格进行量化评价。

通过对问卷的统计结果，针对两级评价因素进行矩阵权重计算，得出每个因素的权重（表3-2）。

矩阵权重分布表　　　　　　表3-2

因素	权重
活动场地面积	0.0627
活动场地可达性	0.0534
活动区域舒适度	0.0627
健身器材种类和数量	0.0437
场地地面状况	0.0474
空间数量	0.0329
空间可达性	0.0270
空间私密性	0.0270

因素	权重
吸引程度	0.0317
满足需求	0.0419
绿化植物种类	0.0469
绿化植物观赏性	0.0469
水池景观观赏性	0.0290
空间尺度感	0.0327
地面铺装图案色彩	0.0327
道路网疏密形态分布	0.0387
道路方向指示	0.0293
道路铺装材料	0.0249
道路通达便捷性	0.0358
无障碍设施分配	0.0317
户外照明状况	0.0423
识别指示合理性	0.0390
停车场设置	0.0516
配套设施安全性	0.0458
配套设施数量	0.0423

通过评价体系中各具体指标的权重，可以看出，在活动场地空间中，居民对场地的面积大小、区域舒适度最为看重。在交往空间中，空间的满足需求项和空间私密性两项，居民最为看重，赋予权重最高。观赏空间中，绿化植物的种类和绿化植物的组合搭配带来的观赏性居民最为看重赋予权重最高。在有水体景观的小区中，居民对水池景观的观赏性也是很看重的。在指标项步行空间中，道路的通达性和路网疏密程度的权重位于前两位。在配套设施中，停车场设置最为重要，户外照明的覆盖率和各项配套设施的安全性是被居民较看重的两项。

通过SD法，根据语义量表（1~5分，代表"非常差"到"非常好"）问卷调查数值统计结果，对指标层的各个因素进行赋值，然后将各个因素所得到的赋值与其求得的加权权重相乘，最后将各个指标因素所得的分数累加得出上一层准则层的各个因素的分值，依据各个小区所得到的总分高低来综合评价建成环境舒适度的优劣（表3-3）。

小区名称	活动空间得分	交往空间得分	观赏空间得分	步行空间得分	配套设施得分	总分数
曙光花园	0.6587	1.1451	0.2212	0.2027	0.7999	3.0279
蓝靛厂	0.6421	1.1801	0.2799	0.2223	0.8512	3.1756
逸城东苑	0.7397	1.1017	0.2503	0.2865	0.7966	3.1748
雍景四季	0.7201	1.1212	0.2601	0.2711	1.1251	3.6235
远洋山水	0.5812	0.8399	0.2589	0.2301	0.9225	2.8326
璟公馆	0.7789	1.1356	0.2789	0.2811	1.0698	3.5553

由评价分值可见，居民对建成环境舒适度的满意程度在中等标度及其以上。这与使用者主观评价反馈结果处在"较为满意"和"可以接受"的衡量标度之内是一致的。反馈结果评价舒适度较高的是雍景四季和璟公馆小区，其余调研小区处在中间标度。

3.2.3 典型建成环境使用者对舒适度影响的主观问题

（1）空间布局不合理

空间布局没有考虑到可达性问题，仅仅考虑到设计层面的美观性，忽略了居民在使用时的可达性，会出现空间处在小区边缘地带，居民因为路程较远而放弃前往的现象，此现象在老年人中经常出现。进行空间布局的时候没有考虑到整体环境舒适度问题，将活动场地布置在物理环境不舒适的区域，例如：场地风速过快、日照强烈、湿度过大等。在小区内舒适度不佳的区域设置活动空间，居民会感到不适从而减少在区域内的活动。

（2）后期维护管理不足

在有水体景观的小区内，存在春夏季节水体更换不及时，水体浑浊。秋冬季节水体干涸，空闲的水池积累大量垃圾的现象。破坏了休闲空间对居民的吸引能力。景观绿化方面，植物的后期养护更换不及时，草坪被人为踩踏后裸露出地皮。使得景观空间的观赏性降低。配套设施方面，木质地面的铺装和座椅损毁情况较多，更换维修的不及时，对居民活动时的安全性产生影响。

（3）设施数量不足，位置不合理

在现场实地调研中发现，所有小区都会在各个活动空间设置大量的休憩设施。但仍旧存在活动区域休憩设施不充足和休憩设施干扰到居民活动的问题。

（4）无障碍设计考虑不足

居民开展任何活动，安全性和舒适性都是最重要的前提。在调研的小区中，多数小区的无障碍设计都不是很充分，道路设计的出入口没有设置相关残疾人坡道。停车场设置上面基本做到了人车分流，但缺少一定数量的残疾人车位。在安全性方面，监控警报在小区中应用普遍，基本实现了公共区域安全监控。

（5）空间层次单一

各个空间独立存在却又彼此关联紧密。不同特征的居民对空间的使用需求不同，从空间尺度关系和通行程度上划分主要包括：开敞空间、半开敞性空间、私密性空间，功能上多样化，在大空间中包括多个类型的空间，通过设计手法进行分割，形成多功能多层次的空间体系。

3.2.4　小结

通过上述研究可见，评价指标综合量化评分和使用者主观表述的满意度程度基本吻合，由此可见其评价体系可以定量地对住区建成环境舒适度进行较为全面的评测，得出的评价结果可以对建成环境的舒适度营造进行指导。在具体营造设计中，可以依据评价体系中的指标层各个指标的权重系数的大小和相对关系进行取舍和有侧重性的设计。

3.3　典型住区的舒适度参数测试

根据上文阐述的评价体系中的权重分析，其人体感觉到的舒适度问题的权重较大，说明其在评价体系中较为重要，而且从主观评价的主要问题中也可以看出其对使用者的影响较大。因此，实测环境中的各项舒适度参数，可以找到其参数值与主观感觉之间存在的关系。本节主要选取上述典型住区中的两个较为相似的杨庄北区和杨庄中区作为案例进行舒适度数值的分析。

3.3.1　测试点选取

杨庄北区（A小区）内总共布置12个测点，主要测量不同建筑布局、不同绿化形式及道路材质下垫面性质等参数对微气候的影响，具体位置如图3-9所示。各个测点的位置、建筑布局、下垫面等情况如表3-4中所示。1～7测点的界面建筑以围合式和行列式排布的高层建筑为主，有集中的中型停车场，也有少量的宅前停车位；8～12测绘点以围合式多层建筑为主，且绿化情况不如前7个测点。

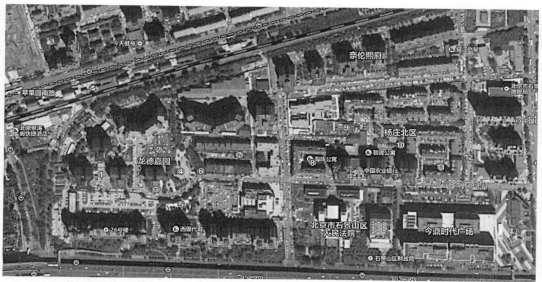

图3-9　A小区测点位置示意图

A小区测点情况说明

表3-4

测点编号	位置描述	周围布局	树木遮挡	下垫面	水体
1	三栋塔楼中间的停车场	建筑围合，20层塔楼	无	灰色水泥地面	无
2	中心绿地与高层联排中的停车场	建筑行列，22层	无	深灰色砂石路	无
3	高层塔楼宅前	建筑独立，塔楼20层，宅前有少量车位，有树木和草地	无	灰色水泥地面	无
4	中心绿地广场内	建筑分散，主要是塔楼，层高20层，四周有灌木和草地	有	米色广场砖硬质铺地	有
5	中心绿地南部小型绿化花园	周围建筑分散，24层高，有灌木、花坛	有	红色透水砖	有
6	中心绿地南部小型绿化花园	周围建筑分散，24层高，有灌木、花坛	有	红色透水砖	有
7	宅间组团绿地	建筑成行，6层，有树木、灌木和草地	无	浅灰色硬质砖铺地	无
8	宅间组团绿地	建筑围合，6层，有树木、灌木和草地	无	浅灰色硬质砖铺地	无
9	街道办事处绿地，紧邻两处停车区域	建筑分散，6层板楼和24层塔楼，有树木，草地	无	浅灰色硬质砖铺地	无
10	社区广场	周围较为空旷，有树木，草地	无	浅灰色硬质砖铺地	无
11	宅前人行道，建筑出口和绿地中间	建筑四面围合，6层住宅，有树木，草地和灌木	无	灰色水泥路面	无
12	小区内道路旁	建筑分散，道路西侧为6层住宅，东侧为20层住宅，有树木	无	灰色硬质砖铺地	无

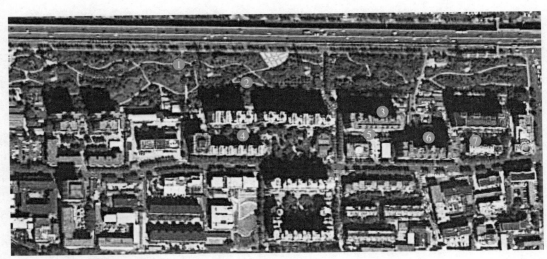

图3-10　B小区测点位置示意图

　　B小区内总共布置7个测点，具体位置如图3-10所示，主要测量绿化带对周边住宅小区的影响及道路下垫面性质对微气候参数的影响。各个测点的位置、建筑布局、下垫面等情况如表3-5中所示。1～2测绘点位于城市绿带中，测点1靠近城市道路，测点2靠近高层板楼；测点3～7均在靠近城市绿带的住区范围，其中测点3～6位于20～23层楼高的板楼附近，测点7位于6层板楼中间。B小区整体绿化要好于A小区，建筑类型以高层板楼为主，布局多采用行列式，局部形成半围合的空间。

B小区测点情况说明　　　　　　　　　　　　　　　　　表3-5

测点编号	位置描述	周围布局	树木遮挡	下垫面	水体
1	阜石路南绿地，近道路入口	绿化景观，高2～3m树木围绕	有	硬质铺地	无
2	阜石路南绿地，靠近南面住宅区	绿化景观，高3m树木围绕	有	自然土壤	无
3	高层板楼与条形绿化中间	建筑独立，板楼22层，宅前有少量车位，有树木和草地	无	灰色水泥地面	无
4	高层板楼中间	四周有灌木和草地，25层板楼	无	浅灰色广场砖硬质铺地	有
5	高层板楼前道路	周围建筑成行，24层高，有灌木	无	灰色水泥地	有
6	高层板楼前空地	建筑行列	无	灰色水泥路面	无
7	宅前道路	建筑成行，有宅前绿地和少量停车位	无	灰色水泥路	无

测试位置高度为1.5m，测试数据主要包括环境温度（T_e）、环境湿度（W_e）、露点温度（T_o）、风速（V）、大气压强（P），PM_{10} 为可吸入颗粒物，$PM_{2.5}$ 为空气污染物细颗粒物。

3.3.2　实测数据分析

本节以2018年7月19日和7月20日两日下午的测试数据进行分析，选择该区域居民室外活动频繁的17:00作为时刻点，该时段各年龄段居民数量较多，适宜室外测试和现场调查。7月19日气温在26℃～29℃有雷阵雨，东南风1～2级；7月20日气温在27℃～33℃多云，西南风3～4级、南风<3级。

由图3-11可知A小区第1、4、5、6、10、11测点在17时的温度低于此时刻各测点的平均温度，而第2、3、7、8、9、12测点均高于平均温度；与温度相反，由图3-12可知第1、4、5、6、10、11测点的环境湿度相对较高，而第2、3、7、8、9、12测点的环境湿度相对较低。由图3-13可知第7、9、11、12测试点的大气气压偏低。

由于第4、5、6测点有植被遮蔽，所以测试结果中显示这三个点的温度偏低，且湿度较高。这其中尤以第6测点的温度最低且湿度最高，可能是雨后测点6两旁有茂密的林荫。植物通过蒸腾作用，可以缓解局部气候高温现象，降低局部温度，提高室外舒适度。第8测点设置在水泥地面上并且没有树荫和其他建筑物遮挡，所以该点在所有测点中温度是最高的。

由图3-14可知B小区第1、2、3测点在17

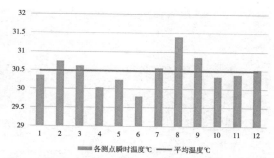

图3-11　A小区各测点温度

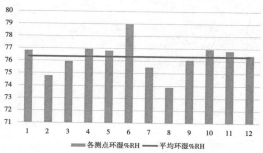

图3-12　A小区各测点环境湿度

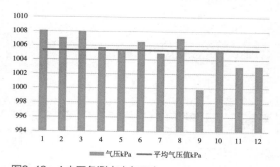

图3-13　A小区各测点大气压力

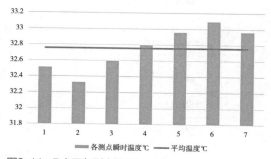

图3-14　B小区各测点温度

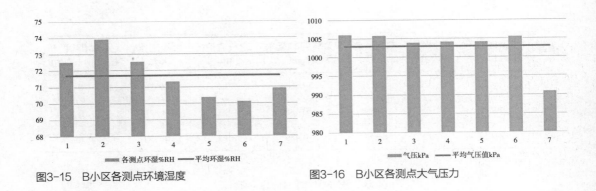

图3-15　B小区各测点环境湿度　　　　　　　　图3-16　B小区各测点大气压力

时的温度低于此时刻各测点的平均温度，而第4、5、6、7测点均高于平均温度；与温度相反，由图3-15可知第1、2、3测试点的环境湿度相对较高，而第4、5、6、7测点的环境湿度相对较低。第1、2、3、4、5、6测点的大气气压正常，第7测点大气气压远低于平均值。

第1、2测点在绿化公园内，且第2测点有树荫遮蔽，第3测点距离绿化很近，所以这三个测点温度低于7个测试点的平均温度，并且湿度也高于各点湿度平均值。

3.3.3　舒适度计算

根据实测环境内人的基本状态，参照ISO7730标准《适中的热环境——PMV与PPD指标的确定及热舒适条件的确定》中规定的标准人数据，人体表面积1.91m²，服装热阻0.5。根据环境内人的活动基本属于轻微活动，且各测点活动方式差别不大，故各测点取值人体所作机械功均为0，人体新陈代谢率取值86.32W/m²，A、B小区各测点其他参数如表3-6、表3-7。

A小区PMV-PPD计算参数　　　　　　　　　　　　　　　　表3-6

测点	人体新陈代谢M（W/m²）	服装热阻I_{cl}	空气温度t_a（℃）	环境平均辐射温度t_{met}（℃）	空气流速v_a（m/s）	大气压强t_a（kPa）	人体所作的机械功W（W/m²）
1	86.32	0.5	30.357	30.485	0.33	1008.05	0
2	86.32	0.5	30.74	30.485	0.16	1007.1	0
3	86.32	0.5	30.62	30.485	0.1	1008	0
4	86.32	0.5	30.033	30.485	0.33	1005.73	0
5	86.32	0.5	30.24	30.485	0.1	1005.26	0
6	86.32	0.5	29.8	30.485	0.1	1006.54	0
7	86.32	0.5	30.56	30.485	0.1	1004.9	0
8	86.32	0.5	31.4	30.485	0.1	1007.02	0
9	86.32	0.5	30.85	30.485	0.1	999.8	0

续表

测点	人体新陈代谢M（W/m²）	服装热阻I_{cl}	空气温度t_a（℃）	环境平均辐射温度t_{met}（℃）	空气流速v_a（m/s）	大气压强t_a（kPa）	人体所作的机械功W（W/m²）
10	86.32	0.5	30.32	30.485	0.1	1005.34	0
11	86.32	0.5	30.38	30.485	0.1	1003.04	0
12	86.32	0.5	30.516	30.485	0.1	1003.16	0

B小区PMV-PPD计算参数　　　　　表3-7

测点	人体新陈代谢M（W/m²）	服装热阻I_{cl}	空气温度t_a（℃）	环境平均辐射温度t_{met}（℃）	空气流速v_a（m/s）	大气压强t_a（kPa）	人体所作的机械功W（W/m²）
1	86.32	0.5	32.52	32.75	0.1	1006.12	0
2	86.32	0.5	32.33	32.75	0.1	1005.8	0
3	86.32	0.5	32.6	32.75	0.5	1003.9	0
4	86.32	0.5	32.8	32.75	0.1	1004.2	0
5	86.32	0.5	32.96	32.75	0.2	1004.16	0
6	86.32	0.5	33.1	32.75	0.1	1005.6	0
7	86.32	0.5	32.97	32.75	0.1	990.96	0

经过PMV-PPD计算，两个小区各测点的计算结果如表3-8、表3-9。

A小区PMV-PPD计算结果　　　　　表3-8

A小区测点	PMV	PPD（%）
1	1.498	50.875
2	1.628	57.88
3	1.653	59.23
4	1.444	47.89
5	1.61	56.98
6	1.56	54.4
7	1.64	58.72
8	1.73	63.55
9	1.67	60.314
10	1.618	57.32
11	1.624	57.65
12	1.638	58.44

B小区测点	PMV	PPD（%）
1	2.126	82.13
2	2.106	81.3193
3	2.09	80.70
4	2.156	83.29
5	2.16	83.7
6	2.188	84.50
7	2.17	83.88

B小区PMV-PPD计算结果　　　　　表3-9

　　A小区各测点的室外热舒适度值比较，第4测点的PMV值最接近0，理论上来说这个点的热舒适度最适中。第8测试点的PMV数据接近2，理论上分析这个测试点的热舒适度要差于其他几个点。

　　B小区各测点的室外热舒适度值比较，第3测点的PMV值在7个测点中比较低，热舒适度优于其他几个测点。第6测点的PMV值要稍高于其他测点，理论上这个点的热舒适度不及其他几个测点。

3.3.4　使用者主观舒适度的比对

　　在实测的同时进行使用者主观舒适度的评价。受访者对A小区室外温度、湿度感知分布，大致与实测温度、湿度分布相同，由于个体差异会对个别测点产生酷热和稍凉等感受，也会对个别测点产生干燥等感受。其中，第4测点舒适度主观感觉高于其他点，这与计算结果相符。第5、6、7、8、9测点难以忍受的受访者比例也高于其他测试点，在问询受访者的过程中有超过50%受访者提到在第5、6测试点感到不舒适甚至难以忍受的原因，除了这两个区域湿度过高，还因为树木绿化茂密导致蚊虫滋生，导致第5测试点虽然有休憩座椅，树荫遮蔽，但是没有多少人在此区域休憩游玩。虽然蚊虫原因不是PMV-PPD计算考虑因素，但是确实计算结果也显示了其数值不够理想。而第10测点温度虽高于第5测点，绿化程度也不及第5测点，但湿度适宜，蚊虫较少，再加上位置开放，周围居民停留休憩在此地较多，这一点的主观感受与计算值有一定差异。

　　同样受访者对B小区室外温度、湿度感知分布，大致与实测温度、湿度分布相同，由于个体差异会对个别测点产生的酷热和稍凉等感受，也会对个别测点产生干燥等感受。第3测点整体舒适度感知要稍好于其他测试点，第1、2测点的具体计算数据虽与第3测点相似，但受访者反映，由于第1测点靠近阜石路，车流量大，噪声污染严重，同时伴有汽油等异味，

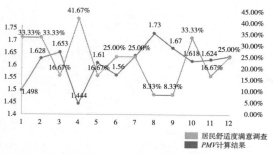
A小区室外舒适度综合分析

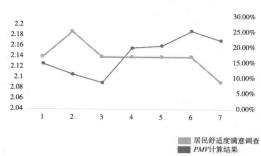
B小区室外舒适度综合分析

图3-17 *PMV*计算值与主观调查满意度对比分析

并不适宜停留；第2测点植被茂密，湿度较大，影响受访者对此测点判断。

由实际测量数据计算得出PMV-PPD热舒适值可知每个测点的室外热舒适情况。由室外问卷调查结果，可以知道居民对建成环境室外舒适度的评价，将*PMV*结果折线图和居民舒适度主观满意度调查折线图进行对比分析，如图3-17所示。*PMV*计算值越低理论上说明该点的舒适度应该越好，对于该点感觉舒适的居民比例也应该越多；居民问卷调查结果舒适度满意结果百分比越高，代表在这点进行问卷调查的居民认为这个测点"舒适"的比例越高。从图中可以发现这一规律基本吻合，尤其是*PMV*数值较低的点，其居民舒适度满意百分比较高；*PMV*数值较高的点，相应的居民舒适度满意百分比就较低。A小区的整体*PMV*数值都要低于B小区的*PMV*整体数值，从对居民现场调查结果也得出A小区室外舒适度满意度高于B小区。但个别测点还存在着一些差异，从主观调查的结果来看，主要受到了非热舒适度参数的影响。

3.3.5 小结

由室外热舒适度PMV-PPD指标计算，可以得出夏季室外有树荫遮挡，周围绿化较多，伴有水体景观的测试区域热舒适度指标结果较好，有建筑遮挡且四周有少量绿化的测试区域热舒适度指标结果次之，而周围没有建筑遮挡及绿化景观的测试区域热舒适度指标最差。由室外舒适度主观感受调查结果可知，居民普遍对有树荫遮挡、四周绿化丰富的测试区域主观感受良好，对于空旷四周没有遮挡的区域感到不适，对颜色较深下垫面且无遮挡的测试区域主观感受较差。室外热舒适值结果和现场调查结果大致吻合，匹配度较高。

室外环境舒适度指标的判断，可以由空气温度、湿度、室外风速、太阳辐射等可测量数据计算得出，PMV-PPD值的计算是可以在一定程度下，模拟实际居民舒适度感知判断的。

虽然由于室外环境较复杂，室外舒适度的判断不单单要靠热舒适度值确定，还有其他因素（如蚊虫叮咬、汽车尾气、噪音污染等）共同判断室外舒适度好坏，但调查问卷及数据的分析可以对微气候量化，合理确定数值模拟研究中简化其他非建筑景观等设计因素的干扰，构建数学模型，为下一节基于建筑景观的数据模拟提供客观可靠依据。

3.4　建成环境建筑布局变量模拟分析

本节应用ENVI-met软件对建成环境的建筑布局因素设定变量进行分析。软件模拟日期，参考往年冬季和夏季历史数据，选取冬季往年气温变化最大以及历史最低气温最多的日子1月5日，和夏季往年气温变化最大以及历史最高气温最多的日子7月4日，为数据模拟的两个典型日期。模拟地点为北京市，同时选取北京往年典型日的气象数据作为参考输入值，未提及参数值按照默认值计算（表3-10）。

ENVI-met模拟计算参数　　　　　　　　　　表3-10

	北京	116°3″E，39°9″N
模拟基地位置 模拟时间（夏）/（冬）	夏季起始时间（总时长）	7月4日8:00（10h）
	冬季起始时间（总时长）	1月5日8:00（10h）
风向（N:0 E:90 S:180 W:270）	冬季	西北风315°
	夏季	东南风135°
风速	冬季	3.5m/s
	夏季	2.2m/s
温度范围	冬季	0℃~6℃
	夏季	26℃~34℃

3.4.1　建筑布局模型建立

对于典型小区概括总结出的建筑布局主要为：行列式、围合式、半围合式三种建筑布局。其中，围合式建筑布局分为横向围合和南北横向东西竖向围合两种围合布局；半围合式与围合式类似，只是南侧比围合式少一栋建筑；行列式建筑布局分为一列横排和两列横排两种建筑布局。所以，建筑布局分为围合式A、半围合式A、围合式B、半围合式B、行列式A、行列式B，如图3-18所示。

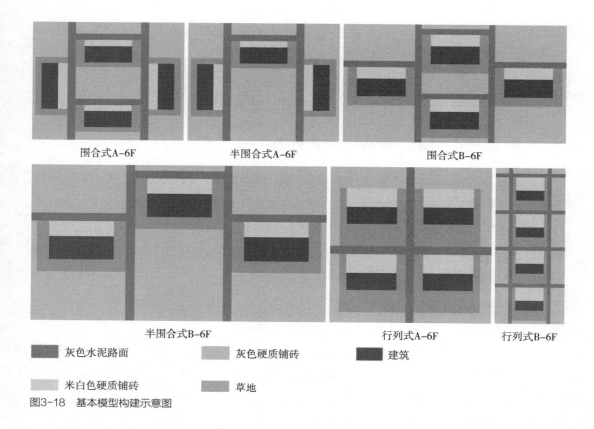

围合式A-6F　　　　　半围合式A-6F　　　　　围合式B-6F

半围合式B-6F　　　　　行列式A-6F　　　行列式B-6F

■ 灰色水泥路面　　　　■ 灰色硬质铺砖　　　　■ 建筑

■ 米白色硬质铺砖　　　■ 草地

图3-18　基本模型构建示意图

　　为了研究不同建筑布局的建成环境微气候舒适度情况，基本模型建立在绿化率、建筑高度、建筑基底面积、下垫面等相同条件下。适应北京气候特征，参照实测小区数据及布局模式，定义朝向为南北向，建筑层数为六层，建筑高度定为21m，建筑基地是15m×30m的长方形；根据北京建筑日照间距规定，前后建筑间隔34m；围合式建筑和并排建筑间隔为18m；组团路面宽设为4m（在3～5m范围内），设置为灰色水泥路面；绿化景观基础设定为25cm高的草丛。

3.4.2　行列式模拟计算结果

（1）行列式A模拟结果

　　模拟计算冬季室外8:00、12:00、17:00三个时段人行高度1.5m时室外空气温度分布情况可知，早上温度在2℃～3.96℃之间，且东南区域温度高于西北区域；中午温度在3℃～3.79℃之间，平均气温高于早上，但是最高气温阈值小于早上最高气温，且温度区域分布逐渐变化，建筑南边的区域温度要低于建筑北边的区域温度；下午温度在4.45℃～5.27℃之间，温度明显上升，具体分布情况类似中午。

　　模拟冬季室外8:00、12:00、17:00三个时段人行高度1.5m时室外风速及风向分布情况可

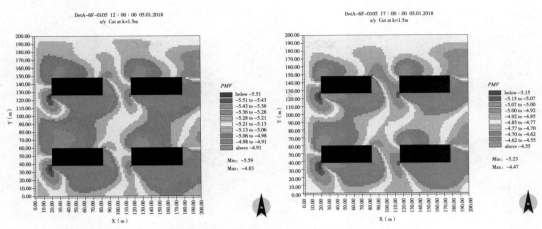

图3-19 行列式A-2018.01.05冬季室外热舒适度图PMV（12:00、17:00）

知三个时间段的风速分布大致相同，建筑南北向之间风速较弱，东西向间距间风速较强，且靠近建筑北边的区域风速偏小。

图3-19分别表示了1月5日冬季室外12:00、17:00两个时段人行高度1.5m时室外PMV热舒适度分布情况。由图可知，中午和下午的热舒适分布大致相同且近似于风环境模拟数据结果，总体的数值结果显示冬季北京室外寒冷，不适宜长时间活动休息。

由模拟计算夏季室外8:00、12:00、17:00三个时段人行高度1.5m时室外空气温度分布情况可知，早上温度在27.14℃～28.59℃之间，两排建筑间温度较高，温度分布零碎；中午温度在28.58℃～30.02℃之间，高温区域转移到东边，西边平均温度较低；下午温度在31.03℃～32.59℃之间，温度分布基本与中午相近，西北角温度偏低，东边温度较高。

模拟计算夏季室外8:00、12:00、17:00三个时段人行高度1.5m时室外风速风向分布情况。在两列建筑中间风力较大，靠近建筑北立面区域的风速较小，两行建筑中间的风速较低。

图3-20分别表示了7月4日夏季室外12:00、17:00两个时段人行高度1.5m时室外热舒适PMV分布情况。由图可以看出，过热的不舒适区域主要集中在组团东侧，且下午17:00的不舒适区域明显大于中午时段。同时人行道路区域热舒适度较好。

（2）行列式B模拟结果

模拟计算冬季室外8:00、12:00、17:00三个时段人行高度1.5m时室外空气温度分布情况可知，早上东部气温较高，中午建筑北侧气温偏高，到了下午建筑北侧和西侧局部气温偏高。

由模拟计算冬季室外8:00、12:00、17:00三个时段人行高度1.5m时室外风速及风向分布情况可知，早中晚风速分布大致相同，住宅楼间公共区域风速稳定，没有乱流干扰。在西南、东北角有形成局部较强风场，最北边建筑东北角的强风场区域较大。

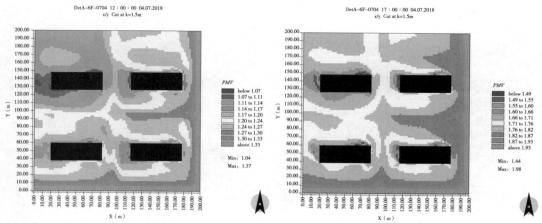

图3-20　行列式A-2018.07.04夏季室外热舒适度图PMV（12:00、17:00）

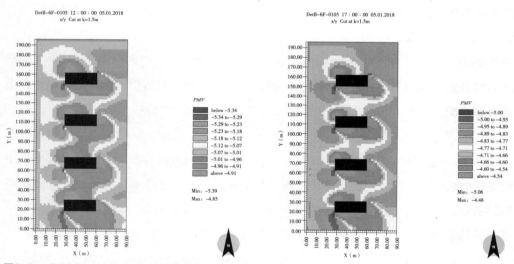

图3-21　行列式B-2018.01.05冬季室外热舒适度图PMV（12:00、17:00）

图3-21分别表示了1月5日冬季室外12:00、17:00两个时段人行高度1.5m时室外热舒适值PMV分布情况。由图可知，中午和下午的PMV值分布大致相同，在住宅楼间区域形成较其他区域相比偏舒适的区域，但下午的热舒适值总体好于中午的热舒适值。

由模拟计算夏季室外8:00、12:00、17:00三个时段人行高度1.5m时室外空气温度分布情况可知，温度从早到晚逐步上升，早上住宅楼北侧及东侧区域温度偏低；中午西侧温度偏低，东侧局部温度较低，住宅间公共区域温度较高；下午温度整体上升，温度分布于中午大致相似。

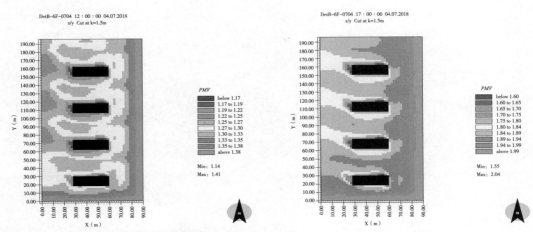

图3-22　行列式B-2018.07.04夏季室外热舒适度图PMV（12:00、17:00）

模拟计算夏季室外8:00、12:00、17:00三个时段人行高度1.5m时室外风速及风向分布情况可知，早上、中午、下午的风速分布大致相同，宅间公共区域风速稳定，但早上在住宅楼西南侧形成较强风场，到中午、下午逐渐减弱。

图3-22分别表示了7月4日夏季室外12:00、17:00两个时段人行高度1.5m时室外热舒适PMV值分布情况。由图可知，中午住宅楼间热舒适度较好，后三排住宅楼近处及住宅楼西侧热舒适度值好于宅间区域；下午热舒适值分布近似于中午。

（3）行列式A和行列式B的数据比对

根据模拟结果将两种行列式进行温度、风速、PMV冬季和夏季的数据对比，对比结果如图3-23所示。冬季两种行列式布局的温度变化接近，行列式A的温差要比行列式B稍大一些；夏季行列式A的最低气温要明显低于行列式B，且温差仍大于行列式B。冬季行列式A风速最大值明显高于行列式B；夏季行列式A风速最大值明显高于行列式B，夏季整体风速都要小于冬季风速。冬季行列式A的室外PMV值要小于行列式B，即表示冬季行列式A的室外热舒适度要比行列式B的室外热舒适度差；夏季行列式A的PMV值也小于行列式B，但是由PMV值的评价特性可知夏季PMV值越小，室外热舒适度越好，所以与冬季的结果正相反，夏季行列式A的室外热舒适度要好于行列式B。

通过对于两种行列式住宅组团的模拟，发现南北宅间区域的热舒适值要优于住宅楼东西两侧的热舒适值，同时发现东南侧住宅楼间公共区域的热舒适值要差于其他范围公共区域的热舒适值。所以在设计中对于住宅楼东西两侧区域，可以选择植被遮挡或者建造物遮挡，来缓解夏季热舒适值偏高等问题。冬季要注意住宅楼间东西侧局部风场等问题。

对于两种行列式布局来说，冬季彼此的温度变化不明显，但是夏季行列式A的温度明显

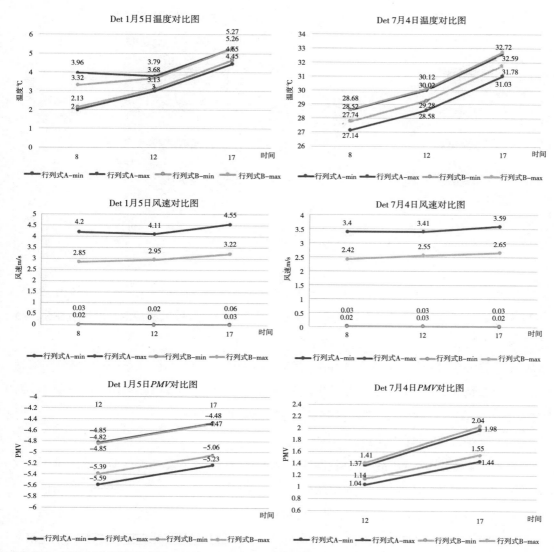

图3-23　行列式A与行列式B温度、风速、PMV冬季和夏季数据对比

要低于行列式B，且无论冬季夏季，行列式A的风速都要高于行列式B。对于冬季来说行列式A的室外舒适度不如行列式B，但是夏季结果正相反，行列式B的室外热舒适度要好于行列式A。根据以往文献资料以及模拟研究结果的分析，发现行列式A这样的多列式行列布局，由于产生的缝隙空间较多，要比行列式B这样的单列式行列布局的风场更为复杂，导致的结果就是风速的增加，有些区域的风速过大，比如两列建筑的夹角间容易产生风场过强的区域。所以，在以后的设计中要考虑多列建筑夹角间的缝隙空间，避免冬季风强过高给居民带来的通行不便。

3.4.3　围合式模拟计算结果

（1）围合式A模拟结果

模拟计算冬季室外8:00、12:00、17:00三个时段人行高度1.5m时室外空气温度分布情况可知，早上东南区域温度偏高，且住宅楼东南间公共区域温度最高；中午住宅楼围合公共空间内出现一片温度较低的区域，住宅楼北侧空间温度较高，组团北侧和东侧出现温度较低的区域；下午住宅楼围合公共区域温度上升，但还是比住宅楼周边其他区域温度偏低。

由模拟计算冬季室外8:00、12:00、17:00三个时段人行高度1.5m时室外风速及风向分布情况可知，早上、中午、下午风速分布相似，住宅楼西北角、东南角产生较强风场，住宅楼东南侧和围合公共空间风力较弱。

图3-24分别表示了1月5日冬季室外12:00、17:00两个时段人行高度1.5m时室外热舒适*PMV*分布情况。由图可知中午、下午的室外热舒适值分布相近，住宅楼建筑东南向斜线区域*PMV*值最好，住宅楼围合的中间公共空间整体*PMV*值较好。

由模拟计算夏季室外8:00、12:00、17:00三个时段人行高度1.5m时室外空气温度分布情况可知，上午住宅楼西北方向温度偏高，住宅楼围合空间区域温度偏低；中午、下午温度分布相似，住宅楼西北斜线方向温度较高，围合区域中间温度较低。

由模拟计算夏季室外8:00、12:00、17:00三个时段人行高度1.5m时室外风速及风向分布情况可知，早上、中午、下午的风速分布相近，建筑西南角和东北角风速较强，西北角及建筑围合公共空间风速较低。

图3-25分别表示了7月4日夏季室外12:00、17:00两个时段人行高度1.5m时室外热舒适*PMV*分布情况。由图可知，住宅楼四周热舒适值较好，由住宅楼围合的公共空间*PMV*值形成斜片状的区域，*PMV*值相对较好。

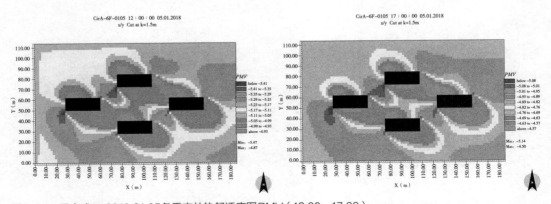

图3-24　围合式A-2018.01.05冬季室外热舒适度图*PMV*（12:00、17:00）

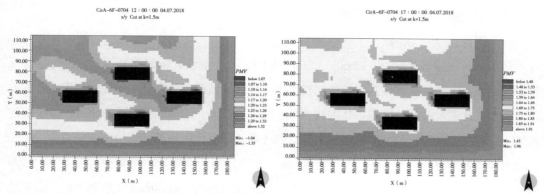

图3-25　围合式A-2018.07.04夏季室外热舒适度图PMV（12:00、17:00）

（2）围合式B模拟结果

模拟计算冬季室外8:00、12:00、17:00三个时段人行高度1.5m时室外空气温度分布情况可知，早上、中午、下午住宅楼围合的公共空间区域温度相较同时段其他区域温度偏低。中午和下午东西走向的两栋住宅楼，在偏向围合中心区域的一侧温度都偏高，南北走向的两栋住宅楼北侧温度偏高。

由模拟计算冬季室外8:00、12:00、17:00三个时段人行高度1.5m时室外风速及风向分布情况可知，从早上到下午的风速逐渐增大，但早上、中午、下午风速分布基本保持不变，在西侧竖向住宅楼和北侧横向住宅楼间的区域形成较强风场，东侧竖向住宅楼和南侧横向住宅楼间的区域形成次强的风场；围合部分公共空间风场总体较好。

图3-26分别表示了1月5日冬季室外12:00、17:00两个时段人行高度1.5m时室外热舒适度PMV分布情况。由图可知中午、下午PMV分布大致相同。西侧竖向住宅楼和北侧横向住宅

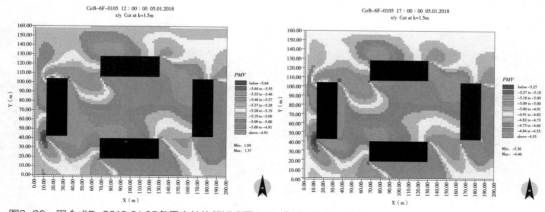

图3-26　围合式B-2018.01.05冬季室外热舒适度图PMV（12:00、17:00）

楼间的区域、东侧竖向住宅楼和南侧横向住宅楼间的区域，两个区域热舒适度较差；住宅楼围合区域公共空间热舒适度较好。

由模拟计算夏季室外8:00、12:00、17:00三个时段人行高度1.5m时室外空气温度分布情况可知，早上横向住宅楼北侧温度偏高，竖向住宅楼西侧温度偏高，在中间围合区域温度偏低，东边竖向建筑东北侧温度最低；中午和下午温度分布相似，西北部偏低温区域延伸到建筑围合空间内，竖向住宅楼西侧温度偏高，横向建筑北侧区域温度偏高。

由模拟计算夏季室外8:00、12:00、17:00三个时段人行高度1.5m时室外风速及风向分布情况可知，早上、中午、下午三个时段风速及风向分布情况近似，西侧住宅楼和北侧住宅楼间、东侧住宅楼和南侧住宅楼间形成区域较大的强风场。

图3-27分别表示了7月4日夏季室外12:00、17:00两个时段人行高度1.5m时室外热舒适度PMV情况。由图可知，中午和下午的热舒适度分布相近，在西侧和北侧住宅楼间、北侧住宅楼靠近南立面的区域热舒适较好，住宅楼围合区域公共空间舒适度次好。

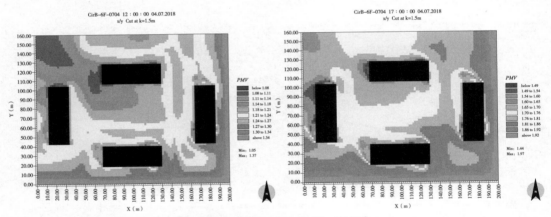

图3-27　围合式B-2018.07.04夏季室外热舒适度图PMV（12:00、17:00）

（3）围合式A和围合式B的数据比对

根据模拟结果将两种围合式进行温度、风速、PMV冬季和夏季的数据对比，对比结果如图3-28所示。冬季时围合式B在早上8点时的温度较高，其他时段两种围合式布局温度变化基本相近；夏季时围合式A在早上的温差变化较小，其余时段两种围合式布局的温度变化基本近似。冬季围合式B的风速明显要高于围合式A的风速，风速差也要高于围合式A；夏季围合式B的风速也要高于围合式A，但是夏季两种围合式布局的整体风速还是低于冬季两种围合式布局的整体风速，围合式A的风速差要高于围合式B的风速差。冬季围合式B的PMV值要低于围合

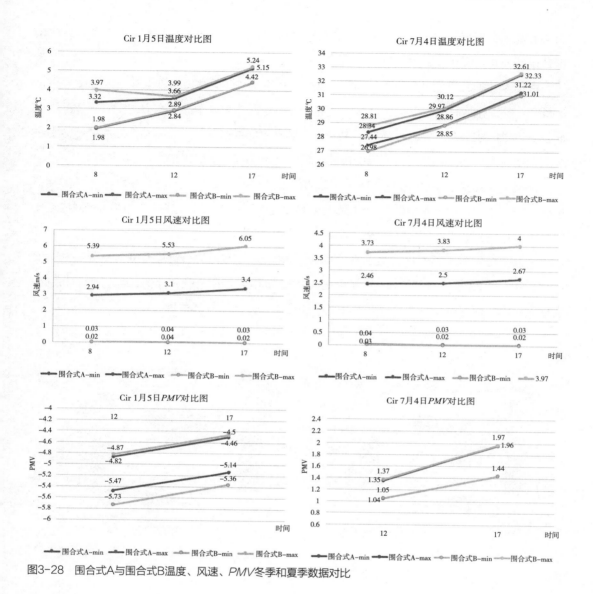

图3-28　围合式A与围合式B温度、风速、*PMV*冬季和夏季数据对比

式A，表明冬季时围合式B的室外热舒适度比围合式A的室外热舒适度差；夏季时，两种围合式布局的*PMV*值基本重合，所以在夏季围合式A和围合式B的室外热舒适度区分不大。

通过对两种不同围合式布局的模拟发现，围合式A的各项数据模拟结果和行列式布局的模拟结果有规律性的相似处，而围合式B由于有东西竖向住宅楼，产生与围合式A不同的模拟数据分布及规律。但是总体来说不管冬季还是夏季，上午还是下午，围合式A还是围合式B，在围合部分的公共空间区域舒适度还是要好于组团内其他位置。不同的是围合式B在西北角，东侧建筑物和北侧建筑物间作用变化区域大于围合式A。

对于两种围合式布局来说，冬季和夏季的温度变化分布折线近似。无论冬季还是夏季围合式B的风速都要远高于围合式A的风速，两建筑间的夹角区域容易产生强风速场。冬季围合式B的室外热舒适度要比围合式A的室外热舒适度差，可能是由于围合式B的冬季风速过快导致的；夏季两种围合式布局舒适度曲线重合，变化不大。由以上模拟数据图对比可知，两种围合式建筑布局围合空间都是舒适度较好区域，在实际设计中，根据地块限制等因素选择不同的围合式布局即可，但是对于两种布局冬天都要对西北角区缺口区域进行强风预防，防止形成过强风场，造成居民出行不便。

3.4.4　半围合式模拟计算结果

（1）半围合式A模拟结果

由模拟计算冬季室外8:00、12:00、17:00三个时段人行高度1.5m时室外空气温度分布情况可知，早上北侧住宅楼和东侧住宅楼间，以及各住宅楼接近建筑区域温度较高；中午和下午，在半围合公共空间内，和北侧、西侧建筑间温度偏低，靠近建筑北侧的区域温度较高。

由模拟计算冬季室外8:00、12:00、17:00三个时段人行高度1.5m时室外风速及风向分布情况可知，早上、中午、下午风速分布情况近似，除了东侧建筑西南角风场从早上到下午逐渐缩小；住宅楼东北角形成小型风场，在西侧和北侧建筑间风场风速最强；靠近建筑南侧和东侧立面处风场风速最小。

图3-29分别表示了1月5日冬季室外12:00、17:00两个时段人行高度1.5m时室外热舒适度 *PMV* 分布情况。由图可知，靠近住宅楼南侧和东侧立面区域室外热舒适度值较好，住宅楼北侧立面西北方向室外热舒适度也较好。

由模拟计算夏季室外8:00、12:00、17:00三个时段人行高度1.5m时室外空气温度分布情况可知，早上北部住宅楼北侧、西部住宅楼北侧以及北部和东部住宅楼间区域温度偏高，半

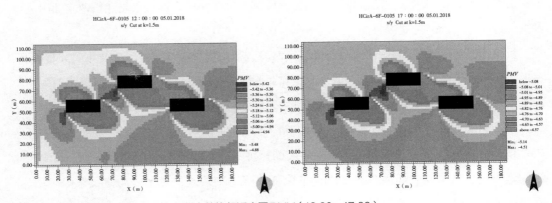

图3-29　半围合式A-2018.01.05冬季室外热舒适度图 *PMV*（12:00、17:00）

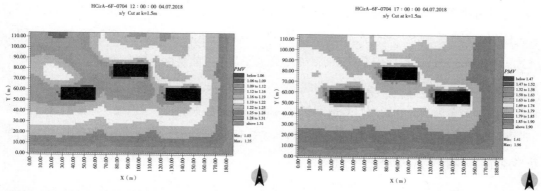

图3-30　半围合式A-2018.07.04夏季室外热舒适度图PMV（12:00、17:00）

围合区域温度较低，整个组团北侧区域温度都偏低；中午和下午时段，住宅楼北侧区域温度较高，东部住宅楼北侧区域温度最高，西部和北部住宅楼间低温度场延伸到半围合区域。

　　根据模拟计算夏季室外8:00、12:00、17:00三个时段人行高度1.5m时室外风速及风向分布情况，可知早上、中午、下午风速分布情况近似，除了东侧建筑西南角风场从早上到下午逐渐扩大；住宅楼东北角形成小型风场，在西侧和北侧建筑间风场风速最强；建筑北侧风场较小。

　　图3-30分别表示了夏季室外12:00、17:00两个时段人行高度1.5m时室外热舒适度PMV分布情况。中午室外热舒适值分布近似于中午的室外温度分布，西、北部建筑间有热舒适度最好，半围合区域热舒适度也适宜；下午分布与中午相似，但是下午区域内PMV值之间差距缩小。

　　（2）半围合式B模拟结果

　　由模拟计算冬季室外8:00、12:00、17:00三个时段人行高度1.5m时室外空气温度分布情况可知，早上东侧竖向住宅楼西立面以及南立面附近温度最高，中间半围合区域及整个组团外围温度最低；中午和下午的温度分布相似，西侧建筑东立面附近、东侧建筑西立面附近以及北侧建筑北立面附近温度最高，中间半围合区域温度最低。

　　模拟计算冬季室外8:00、12:00、17:00三个时段人行高度1.5m时室外风速及风向分布情况。早上、中午、下午风速分布情况近似，西侧和北侧住宅楼间形成较大区域强风场，西侧建筑西南角形成区域较小强风场；两个竖向建筑东侧风场较弱，北侧建筑南侧风场较弱。

　　图3-31分别表示了1月5日冬季室外12:00、17:00两个时段人行高度1.5m时室外热舒适PMV值分布情况。如图所示中午、下午时段的热舒适分布与风速分布规律相似，西侧和北侧住宅楼间、西侧建筑西南角区域PMV值偏低热舒适度较差；两个竖向建筑东侧区域热、北侧建筑南侧舒适度值较好。

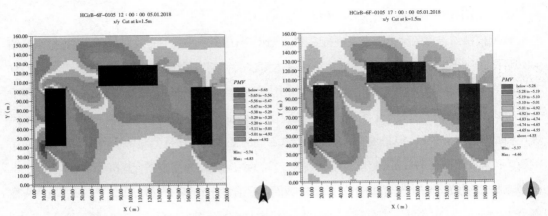

图3-31　半围合式B-2018.01.05冬季室外热舒适度图*PMV*（12:00、17:00）

　　由模拟计算夏季室外8:00、12:00、17:00三个时段人行高度1.5m时室外空气温度分布情况可知，早上东、西侧建筑西面区域温度较高，北侧建筑北面区域温度较高，中心半围合区域温度适中；中午、下午的温度分布规律相似，东、西侧建筑西面区域温度较高，西侧及北侧住宅楼间区域直到中心围合区域温度偏低。

　　由模拟计算夏季室外8:00、12:00、17:00三个时段人行高度1.5m时室外风速及风向分布情况可知，早上、中午、下午风速分布情况近似，西侧和北侧住宅楼间形成较大区域强风场，西侧建筑西南角形成区域较小强风场；两个竖向建筑东侧风场较弱，北侧建筑南侧风场较弱。

　　图3-32分别表示了7月4日夏季室外12:00、17:00两个时段人行高度1.5m时室外热舒适*PMV*分布情况。西侧和北侧住宅楼间区域热舒适度值最好，中心半围合区域热舒适度值次之。

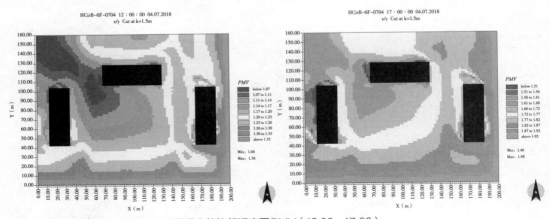

图3-32　半围合式B-2018.07.04夏季室外热舒适度图*PMV*（12:00、17:00）

（3）半围合式A和半围合式B的数据比对

根据模拟结果将两种半围合式进行温度、风速、PMV冬季和夏季的数据对比，对比结果如图3-33所示。冬季时两种半围合式布局温度变化基本相近，除了半围合式B在早上8点时的温度较高；夏季时半围合式A在早上的温差变化较小，其余时段两种半围合式布局的温度变化基本相似。冬季半围合式B的风速明显要高于半围合式A的风速，风速差也要高于半围合式A；夏季半围合式B的风速也要高于半围合式A，但是夏季两种半围合式布局的整体风速还是低于冬季两种半围合式布局的整体风速，半围合式A的风速差要高于半围合式B的风速差。冬季半围合式B的PMV值要低于半围合式A，表明冬季时半围合式B的室外热舒适度比半围合式A的室外热舒适度差；夏季时，两种围合式布局的PMV值折线基本重合，所以在夏季半围合式A和半围合式B的室外热舒适度区分不大。

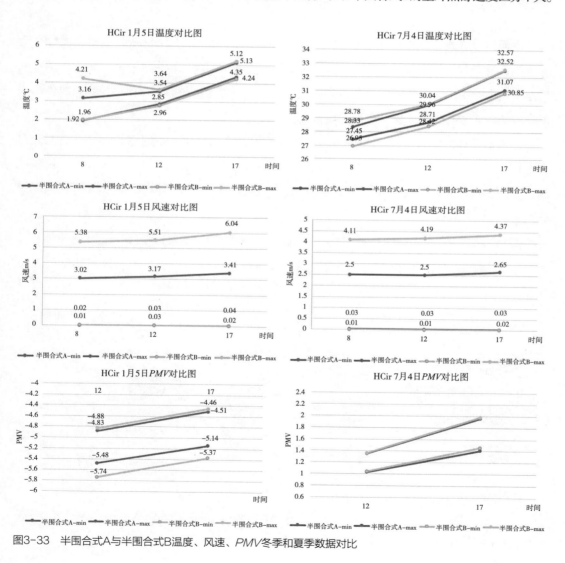

图3-33 半围合式A与半围合式B温度、风速、PMV冬季和夏季数据对比

对于两种半围合式布局来说，冬季和夏季的温度变化分布折线近似。无论冬季还是夏季半围合式B的风速都要远高于半围合式A的风速，两建筑间的夹角区域容易产生强风速场。冬季半围合式B的室外热舒适度要比半围合式A的室外热舒适度差，可能是由于半围合式B的冬季风速过快导致的；夏季两种半围合式布局舒适度曲线重合，变化不大。由以上模拟数据图对比可知，半围合式两种建筑布局围合空间都是舒适度较好区域。从实际设计上来说对比围合式封闭的中心公共空间，半围合式的中心公共空间视野更加开阔，但私密性较差，且对于两种布局冬天都要对西北角区缺口区域进行强风预防，防止形成过强风场。半围合式B要注意夏季西侧建筑周边局部过热区域，在此区域设计上应考虑合理的绿化或其他构筑物遮阳避暑，缓解高温带来的不适。

3.4.5　小结

通过对建筑布局的模拟发现，两种半围合式建筑布局的热舒适分布规律，与其对应的围合式建筑布局热舒适分布规律相似。但是半围合式布局的围合区域由于一面缺少围合，通过模拟后的数据对比发现，这种一面开敞的中心空间热舒适度良好区域，面积要小于围合式的中心空间舒适度良好的区域。行列式布局模拟结果和围合式布局模拟结果有一定区别，因为没有建筑间夹角的存在，也没有相对封闭的围合空间，行列式建筑布局在建筑与建筑之间区域受建筑本身影响较小，住宅区整个空间的室外舒适度都比较平均，每个建筑四周区域微环境情况具有相似性和均好性。

由以上各建筑布局模拟可以看出，冬季不管是哪个布局下，建筑前和后局部区域的热舒适度较好，两建筑前后直向或斜向间区域舒适度较好，但是总体来说不适宜室外长时间活动。夏季因布局不同，有些许区别，在行列式布局下，近建筑南北西三个立面的区域热舒适度较好，但是这部分区域面积小，且距离建筑过近，使用率过低，即使此区域舒适度较高，居民也不会特意在此区域活动；围合式布局下，建筑立面附近区域舒适度较好，但是容易产生较快的风速和风阴影区。

由数据对比可以看出，行列式布局组团内部的各项数据均值要稍好于围合式。其中单列行列式B的布局形式，室外舒适度由模拟结果显示为这几种布局里较好的。两侧建筑为东西朝向的围合式B的布局，室外舒适度由模拟结果显示是这几种布局里较差的。半围合式建筑布局的各项数据规律显示和围合式建筑布局相差不多，可以忽略其细微差异。

3.5　建成环境建筑高度变量模拟分析

除了建筑布局的影响之外，建成环境周边界面的建筑高度对其舒适度也会产生一定的影响。本节以上述建筑布局中行列式A和围合式A为例，模拟两种不同高度的建筑界面对建成环境的数据影响。

3.5.1 行列式A建筑高度12层（40m）模拟结果

模拟计算行列式A布局，建筑高度为40m在冬季12:00室外空气温度、风速及风向、热舒适度PMV分布情况。建筑北侧温度偏高，两排建筑中间区域温度偏低。在两行建筑间区域和建筑短边区域形成较强风场，其中北边建筑风场最强，建筑南侧区域风场较弱。图3-34表示了室外热舒适度分布，其分布与风速分布近似，建筑南侧区域室外热舒适度值偏高，两行建筑间区域和建筑短边区域热舒适度值较差。

模拟计算行列式A布局，建筑高度为40m在夏季12:00室外空气温度、风速及风向、热舒适度PMV分布情况。第一排建筑南侧温度较高，北侧温度稍高；第二排建筑北侧温度偏高；组团西北区域温度最低。建筑北侧风场较弱，建筑短边相连区域和建筑东西两侧区域风场较强；两行建筑间风场适中。图3-35表示了室外热舒适度分布，其分布与温度分布相似，第一排建筑南侧热舒适最差，北侧温度稍差；组团西北区域热舒适度最好。

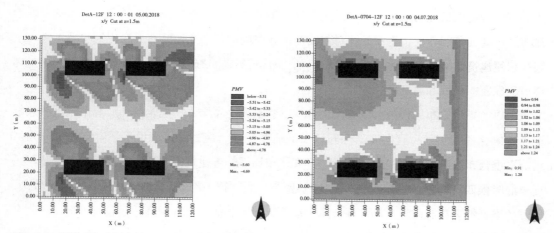

图3-34 行列式A-2018.01.05-12:00冬季热舒适PMV值分布

图3-35 行列式A-2018.07.04-12:00夏季热舒适PMV值分布

3.5.2 围合式A建筑高度12层（40m）模拟结果

模拟计算围合式A布局，建筑高度为40m在冬季12:00室外空气温度、风速及风向、热舒适度PMV分布情况。建筑北侧区域温度最高，南侧区域温度偏低，西北（东南）斜向区域温度较低。西北（东南）角组团缺口形成较强风场，同斜度建筑相连区域风场较弱。图3-36表示了室外热舒适度分布，其分布与风速分布近似，西北（东南）角组团缺口热舒适度最差，同斜度建筑相连区域热舒适度最好。

模拟计算围合式A布局，建筑高度为40m在夏季12:00室外空气温度、风速及风向、热舒

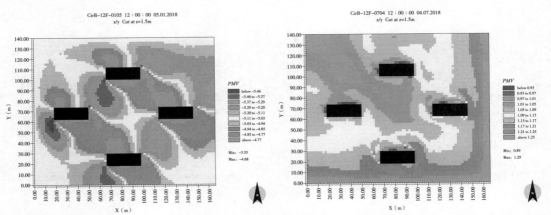

图3-36　围合式A-2018.01.05-12:00冬季热舒适PMV　图3-37　围合式A-2018.07.04-12:00 夏季热舒适PMV
值分布　　　　　　　　　　　　　　　　　　　　值分布

适度PMV分布情况。组团缺口西北（东南）方向温度最低，南侧、东侧建筑北面温度偏高。西北（东南）角组团缺口形成较强风场，同斜度建筑相连区域风场较弱。图3-37表示了室外热舒适度分布，其分布与温度分布图近似，组团缺口西北（东南）方向热舒适度较好，南侧、东侧建筑北面热舒适度较差。

3.5.3　不同建筑高度模拟结果对比

根据模拟结果将不同层数的行列式A和围合式A进行建成环境温度、风速、PMV冬季和夏季的数据对比，对比结果如图3-38。在冬季，12层（40m）高的行列式A和围合式A温度线基本重合，温度要高于6层（21m）高的行列式A和围合式A，而围合式A的温度是最低的；夏季的时候四种布局形态下最高温基本一致，但是12层（40m）高的行列式A和围合式A布局下的最低温要低于6层（21m）高的相应建筑布局，最低温排名依次是行列式A-40m＜围合式A-40m＜行列式A-21m＜围合式A-21m。不同布局在冬季和夏季时的风速排序一致，行列式A-40m＞围合式A-40m＞行列式A-21m＞围合式A-21m，40m高的布局整体风速都比较快。冬季和夏季的室外热舒适度排序一致，12层（40m）高的行列式和围合式热舒适度均要好于6层（21m）高的行列式和围合式的热舒适度。

将行列式和围合式12层高建筑布局模拟结果，与其对应6层建筑布局比较发现，建筑高度越高组团内平均温度越低；最高风速与最低风速差值变大，建筑高度越高风速越快，形成风场面积越大，越容易产生乱流。在冬季高层建筑对风场的影响显著，这就导致冬季高层建筑周围室外空间热舒适度下降。在夏季高层建筑有降低室外温度的作用，所以夏季高层建筑周围室外空间热舒适度上升。

高层建筑冬、夏两季对建成环境微气候舒适度作用是相反的。在实际设计中建筑组团并

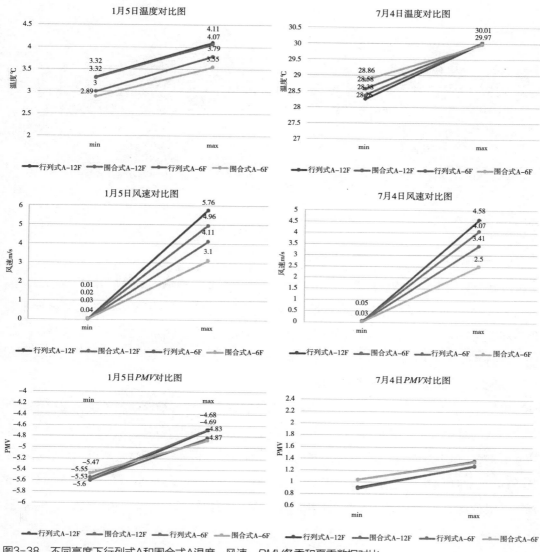

图3-38 不同高度下行列式A和围合式A温度、风速、PMV冬季和夏季数据对比

不都是单一楼层高度，不同建筑高度的组团，有助于整个住宅区室外微气候的整体营造与热舒适度平衡。

总体而言，提高建筑高度可以增加组团内部风速，冬季增加组团内部温度，夏季降低组团内部温度。不论冬季还是夏季，适当地提高组团内部建筑高度，有助于改善组团内部建成环境微气候的舒适度。

3.6　建成环境绿化变量模拟分析

本节分析景观绿化因子对建筑布局室外热舒适度的影响，对绿化率0~60%、单一草地绿化、草地和乔木组合绿化两种不同绿化类型进行模拟分析具体参数（表3–11）。以行列式为例模拟出不同绿化结构、不同绿化率下，空气温度、风速及风向、室外热舒适PMV–PPD值的变化。由于植被在夏季对建成环境舒适度影响最为显著，所以选取夏季典型气象日7月4号中午12:00为模拟计算时间。

行列式B绿化变量因子　　　　　　　　　　　　　　　表3–11

单一绿化：草地（h=25cm）			绿化组合：乔木+草地（h_1=2.5m、h_2=25cm）		
绿地率	乔木：草地	绿地形式	绿地率	乔木：草地	绿地形式
0%	单一草地	带状	20%	2：1	条式、带状
30%	单一草地	带状	30%	2：1	条式、带状
60%	单一草地	带状	60%	3：1	条式、带状

3.6.1　行列式B绿化变量模型建立

建筑基本模型和上文模拟建筑布局边界的基本模型一致，基础数据输入值不变，仅改变建筑周边绿化景观。行列式B单一草地不同绿化率值模型如图3–39所示。行列式B草地+草地不同绿化值模型如图3–40所示。

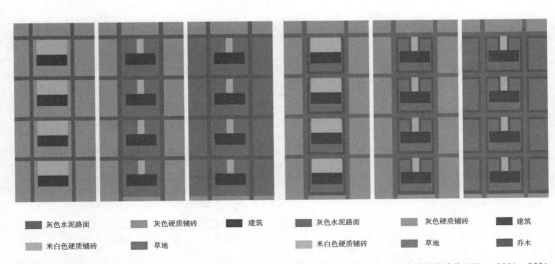

<table>
<tr><td>■ 灰色水泥路面</td><td>■ 灰色硬质铺砖</td><td>■ 建筑</td><td>■ 灰色水泥路面</td><td>■ 灰色硬质铺砖</td><td>■ 建筑</td></tr>
<tr><td>■ 米白色硬质铺砖</td><td>■ 草地</td><td></td><td>■ 米白色硬质铺砖</td><td>■ 草地</td><td>■ 乔木</td></tr>
</table>

图3-39　行列式B草地的绿化率为0%、30%、60%　　　图3-40　行列式B草地+乔木的绿化率为20%、30%、60%

3.6.2　模拟计算结果分析

图3-41显示了单一草地景观条件下绿化率分别为0、30%、60%的温度和风速的模拟结果。

通过对夏季12:00室外空气温度分布可知，从绿化率0%到绿化率30%的时候，组团平均气温下降，温度过高区域较明显减少，空气温度区域差异明显缩小。当绿化率增加到60%时，组团平均气温没有明显变化，但是空气温度区域差异逐渐缩小，组团内温度均值较好。

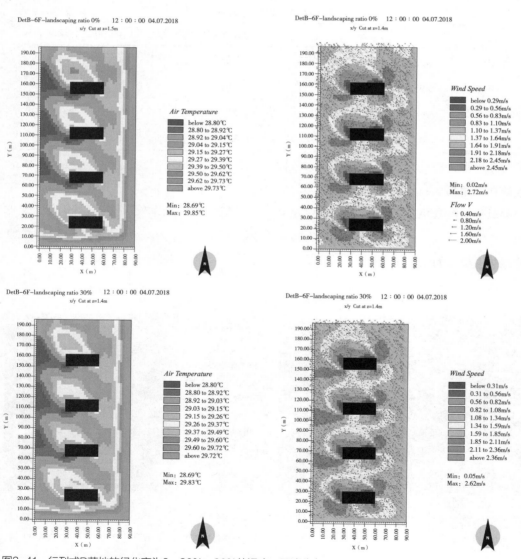

图3-41　行列式B草地的绿化率为0、30%、60%的温度、风速分布

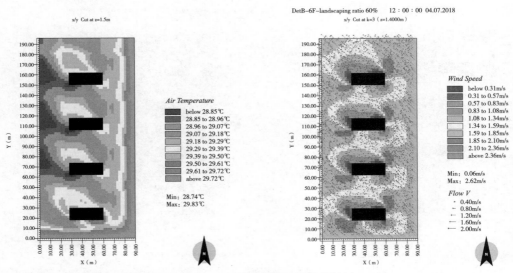

图3-41   行列式B草地的绿化率为0、30%、60%的温度、风速分布（续）

由单一草地景观条件下绿化率分别为0、30%、60%的时候行列式B夏季12:00室外风速及风向分布可知，从绿化率为0%增加到30%绿化率时，组团内平均风速下降，但是绿化率30%时建筑西南角局部强风场扩大。当绿化率在增加到60%时，组团内平均风速没有变化，但是局部强风场缩小。

图3-42显示了草地和乔木组合景观条件下绿化率分别为0、30%、60%的温度和风速的模拟结果。

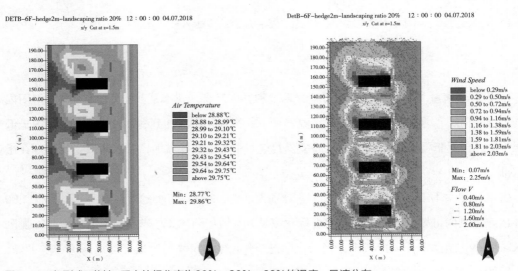

图3-42   行列式B草地+乔木的绿化率为20%、30%、60%的温度、风速分布

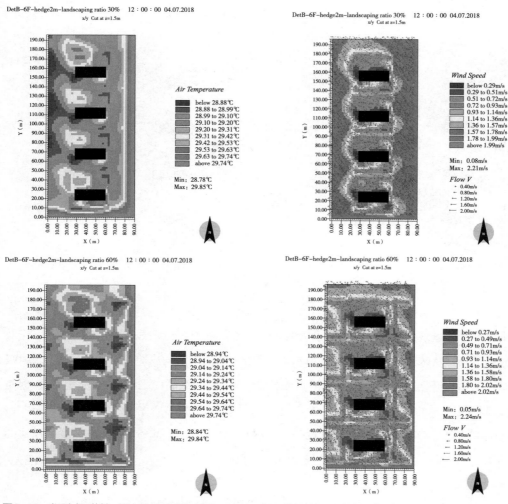

图3-42　行列式B草地+乔木的绿化率为20%、30%、60%的温度、风速分布（续）

由夏季12:00室外空气温度分布可知，草地和乔木组合绿化率从20%增加到30%时组团内平均气温下降，低温区域增加，各区域温差缩小；当绿化率增加到60%的时候，组团内最低气温下降，但是低温区域减少，建筑周围公共空间中高温区域增加，低温区域主要出现在组团东部。

由草地和乔木组合景观条件下绿化率分别为20%、30%、60%的时候行列式B夏季12:00室外风速及风向可知，草地和乔木组合绿化率从20%增加到30%时建筑周围风速减弱，强风场区域缩小，组团平均风速减小；当绿化率进一步增加到60%的时候平均风速进一步下降，除去局部有较强风速影响，其他区域风速适宜。

3.6.3 PMV-PPD模拟结果分析

单一草地景观条件下绿化率分别为0、30%、60%的时候行列式B夏季12:00室外热舒适度PMV-PPD分布如图3-43所示。由图可知绿化率从0%到30%的时候，组团内热舒适度较好区域面积增加，不舒适区域面积减少；绿化率从30%增加到60%的时候热舒适度较好区域面积继续增加，但效果没有从0～30%明显。

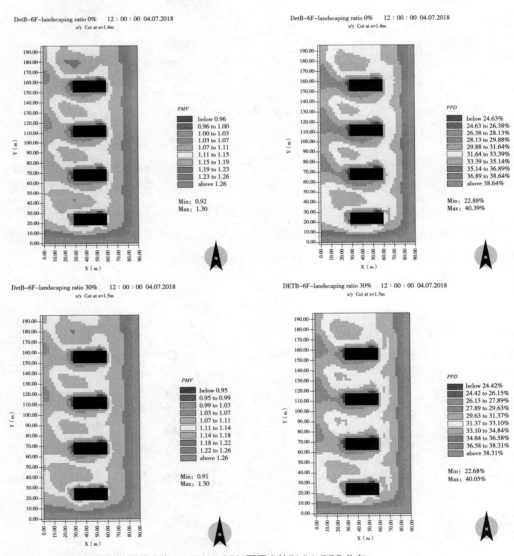

图3-43 行列式B草地的绿化率为0、30%、60%夏季室外PMV-PPD分布

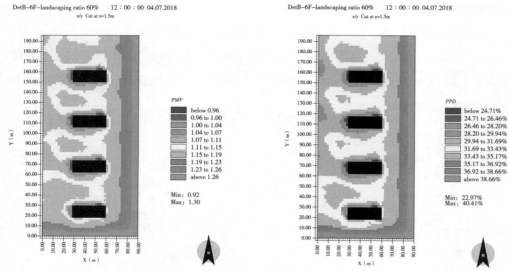

图3-43　行列式B草地的绿化率为0、30%、60%夏季室外PMV-PPD分布（续）

　　草地和乔木组合景观条件下绿化率分别为20%、30%、60%的时候行列式B夏季12:00室外热舒适度PMV-PPD分布如图3-44所示。由图可知乔木和草地的绿化组合绿化率20%，虽然比单一草地最大*PMV*值还要高，但是公共空间的热舒适反而提高了，各个区域的热舒适度较好区域面积增加；当绿化率升高到30%时，乔木种植数量也上升了，乔木周边空间热舒适较好区域增加；当绿化率升高到60%，公共空间区域整体热舒适度变好。

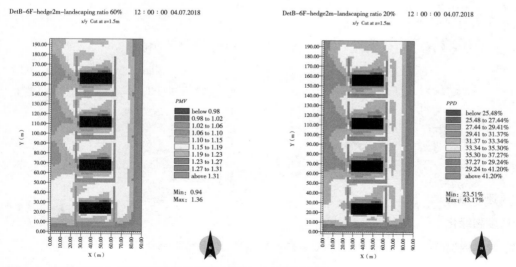

图3-44　行列式B乔木+草地的绿化率为20%、30%、60%夏季室外PMV-PPD分布

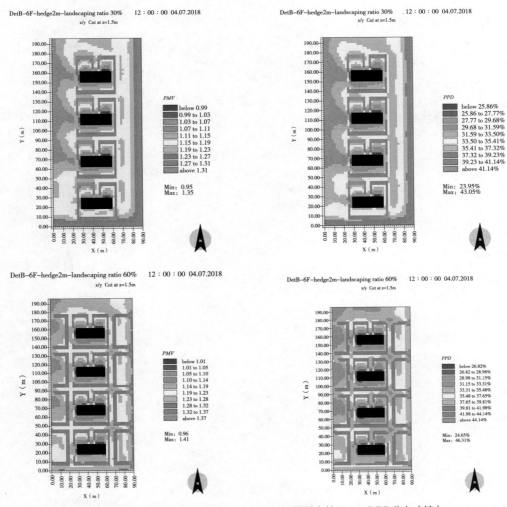

图3-44　行列式B乔木+草地的绿化率为20%、30%、60%夏季室外PMV-PPD分布（续）

3.6.4　绿化变量对舒适度影响分析

通过对绿化景观的模拟发现，景观绿化对于住宅区内建成环境舒适度具有显著提升作用。当景观绿化为单一草地时，绿化率0～30%变化明显，当绿化率增加到60%时组团内温度、风速、热舒适度等变化趋近于0。景观绿化为乔木和草地组合时，组团内温度、风速、热舒适度随绿化率变化而变化，在20%～30%区间变化是最明显的，具体变化趋势如图3-45所示。组团内温度变化的趋势近似于热舒适度变化趋势。乔木种植区域周围舒适度变化最为明显。

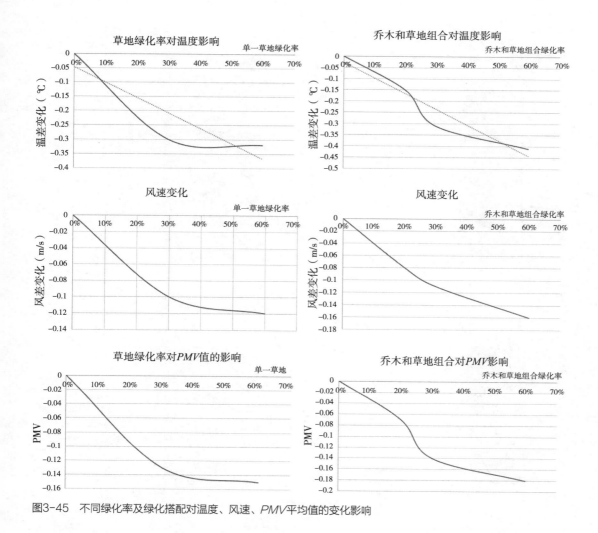

图3-45 不同绿化率及绿化搭配对温度、风速、PMV平均值的变化影响

在实际设计应用中，考虑乔木与草地的搭配，能有效改善住宅区内公共空间微环境舒适度，其中以乔木种植对局部微环境改善最为显著。绿化率在20%～40%间，同时搭配乔木和草地的比例在1∶2～1∶3之间的景观因素对室外微环境影响最为显著。

3.7 小结

住区建成环境舒适度的好坏直接影响到使用者的体验，对住区舒适度的营造研究是改善使用者使用体验，提高使用者生活品质，改善设计的重要组成部分。本章通过对实例的评价体系构建、参数测量与主观评价以及数值模拟计算的研究，可以发现住区建成环境的舒适度特征，从而可以为改善住区舒适度营造提供策略依据。

　　通过采用AHP和SD分析法，构建出的北京市居住小区休闲空间评价体系，根据相关语义标度建立判断矩阵，得到各项指标的分配权重，最后通过总体的排序得到各个目标层的权重。得出定量的评价：（1）健身空间的5项第二层级指标中，健身器材种类数量、活动场地面积、活动区域舒适度相对重要。（2）交往空间的私密性和可达性权重相对重要。（3）观赏空间的绿化植物观赏性和水池景观观赏性相对重要。（4）步行空间中的道路通达性和无障碍通道设置权重相对重要。（5）配套设施的安全性和识别指示合理性权重相对重要。

　　通过实测数据与主观感受的比对，居民在有树荫遮挡和植被丰富的区域对室外舒适度的主观感受较好，对四周植被环绕但没有高大乔木遮阳的区域主观感受次好，对于无遮挡且缺少绿化景观的区域主观感受最差。除了实测数据显示有植被区域舒适度较好，居民对四周绿化景观丰富的公共空间感受较好，所以应在居民活动较密集的住宅小区公共空间设置丰富的绿化景观。

　　利用ENVI-met对北京地区常见居住小区布局进行模拟分析，分析行列式、围合式、半围合式建筑布局对组团内微环境的影响，同时对行列式和围合式不同建筑高度进行模拟，分析建筑高度对于组团内微环境的影响。模拟发现行列式布局的室外环境舒适度要好于围合式布局和半围合式布局，其中行列式中的单列建筑布局室外环境舒适度最好，围合式建筑布局中两侧为东西朝向的建筑布局最容易产生强风区域，且组团内部平均风速最高。适当加高组团内部建筑高度可以提高组团内部环境舒适度，但是建筑过高会带来不利的风环境，对出行造成不利影响，所以在设计中应该注意高度控制和建筑间距的控制。

　　利用ENVI-met对北京地区常见居住小区景观绿化形式进行模拟分析，采用绿地率、绿地种类量变方式，得到室外绿化绿量变曲线。通过对景观绿化模拟发现，绿化率的提高可以改善绿地周边环境的舒适度，在夏季起到降温避暑的作用，乔木的种植会更加有效地缓解局部高温情况。但是由绿化率分析曲线可知，建筑与绿地结合的局部区域绿地率超过60%时对局部微气候的改善效果不再明显可见，绿化率在30%～60%之间时改善效果逐渐减缓。绿化率在30%～60%之间对住宅小区公共空间室外环境舒适度改善效果最为明显，可以考虑绿化率在此区间的乔木和草地的绿化组合形式。

第4章 下沉广场典型建成环境舒适度营造研究

随着城市空间的不断发展，地面空间的开发越来越紧张，为了缓解用地不足，城市空间结构呈现出多样化的发展趋势，城市空间的立体化发展有效地扩大了人们的活动范围，充分利用城市地下空间是能够有效改善生活居住环境、丰富城市空间形式的途径之一。

虽然地下空间在城市立体化发展中承担着重要的作用，但是本身也存在一些弊端，例如由于地下空间的封闭性造成内部缺少自然光、看不到外部景物、人的方向感不强等缺点。城市下沉广场是现代城市规划建设中重要的组成部分，在城市纵横交织的地下空间中担当重要的节点，也是城市空间立体化的枢纽空间，能够最大限度地减少地下建筑封闭的部分，增加开敞空间，可以在很大程度上消除地下建筑环境的隔离感，良好的下沉广场不但能够改善地下建筑给人带来的压抑感，同时能够优化城市环境、丰富城市景观层次，为人们提供一处舒适安全的公共活动场所。

商业休闲型下沉广场是现代城市地下空间类型中最具活力的一类，其拥有灵活的空间形态和丰富的空间职能，满足着各年龄段使用者多样的需求。当下社会中，人们对公共空间的空间环境提出了新的要求，商业休闲型下沉广场也是如此的，需要设计者在满足使用者消费需求的同时，兼顾为使用者提供环境宜人、交通便利的多元化地下空间。近年来北京也陆续建成了一些商业休闲型下沉广场。目前已建成的商业休闲型下沉广场在建成环境的层面有其特色，同时大部分也存在一定不足，诸如不能满足场地使用的多样化需求；建筑环境局部区域舒适度欠佳等，有时也会出现看似设计很好的下沉广场却与使用者的实际需求不相符的情况。究其原因可以看出大部分设计更加侧重对前期，却忽略了对投入使用之后形成的建成环境舒适度的分析，设计问题不能及时反馈总结，使得在新的设计中仍会出现相似的问题。本章主要从建成环境舒适度的角度选取两个主要的典型案例进行分析和研究。

4.1 北京市商业休闲型下沉广场概述

下沉广场，即相较于地面或道路高度较低的广场，有着划分空间、沟通交通、丰富城市建筑及景观等多重作用，它与普通广场相比，有着很多特性，可总结为以下几点：地面设计、下沉深度与空间围合感、下沉基面形态和对安全性的考虑等方面。

商业休闲型下沉广场是以承载各种商业活动为主，其间分布着餐饮业和零售业商业设施，并能够为使用者提供举行公共活动和娱乐休憩的室外开放空间，也可承载城市中人们的个人或集体性文化活动，能够成为所在区域富有活力的节点。

在北京的立体化发展进程中，地下空间建设量增量巨大。在这种发展趋势下，商业休闲型下沉广场空间逐渐成为城市中地下商业和交通空间的综合体系中的节点和枢纽空间，也成为供市民进行公共休闲活动的重要建成环境。商业休闲型下沉式广场依附大型商业建筑的地下空间开发并结合地形的高差变化而建设。该类型广场常作为商业建筑地下空间的出入口及并具有供人群休闲娱乐的综合性空间，其中商业、娱乐活动功能是该类型广场功能的主导。北京对于商业休闲型下沉广场的实践起步较晚，20世纪90年代，这种空间形式随着北京地下空间的逐渐开发才得到广泛的应用，早期案例如西单文化下沉广场。如今商业休闲型下沉广场在北京的建成案例已经十分普遍，并逐渐将商业空间、休闲娱乐空间、交通枢纽空间等相互融合，被赋予了越来越多样的空间职能。北京许多城市商业项目的设计都将商业休闲型下沉广场的设计与地下商业建筑结合起来，北京奥林匹克公园、蓝色港湾、三里屯SOHO、银河SOHO、望京SOHO、华熙LIVE购物中心广场等。

轨道交通的发展是城市化进程的重要标志之一，基于地铁的便利性能够带来的人流消费潜力，商业休闲型下沉广场与地铁的衔接可以充分地将城市交通空间与休闲娱乐和商业服务相结合，广场空间为地铁出口提供安全性和舒适性的同时，最大限度地提升了地下商业空间的价值。商业休闲型下沉广场的公共服务设施相对集中，将下沉广场中的人流直接引入地下轨道交通之中也避免了在地面上人流和车流的交叉混行。在北京众多商业休闲型下沉广场的开发中，多利用下沉广场内的空间与地铁空间相结合，还有多条线路的换乘也在地下进行，这种做法加强了商业休闲型下沉广场作为地下商业中心兼具城市交通枢纽的功能。我国一些其他地区的城市立体化改造和建议也日趋于这种综合形式。而且，对于有无轨道交通的建成环境，使用者对其舒适度的要求也不完全一样，因此这里对北京市的商业休闲型下沉广场根据有无与城市轨道交通衔接分为两类，如表4-1所示，其中与轨道交通衔接的案例包括奥林匹克公园下沉广场、华熙LIVE、银河SOHO，未与轨道交通衔接的案例包括蓝色港湾、三里屯SOHO、望京SOHO。

北京市主要商业休闲下沉广场功能　　　　　　　　　　　　　　表4-1

	规模（m²）	商业	餐饮	休憩设施	景观小品	衔接轨道交通
奥林匹克公园下沉广场	4300	√	√	√	√	√
华熙LIVE下沉广场	6200	√	√	√	√	√

续表

	规模（m²）	商业	餐饮	休憩设施	景观小品	衔接轨道交通
银河SOHO下沉广场	7500	√	√	√	√	√
蓝色港湾下沉广场	6300	√	√	√	√	×
三里屯SOHO下沉广场	7600	√	√	√	√	×
望京SOHO下沉广场	8400	√	√	√	√	×

本书依据典型性和代表性强以及位置优越、使用者类型丰富的原则。分别在两种类别中选取了北京市奥林匹克公园下沉广场和蓝色港湾下沉广场作为典型建成环境作为研究对象进行舒适度营造的研究。

北京奥林匹克下沉广场是北京为举办2008年北京奥运会，与鸟巢、水立方等运动场馆同期修建的，集中体现了北京的城市氛围和景观特色，位于北京城中轴线北端青河南岸与北土城路之间，西侧有地铁15号线、8号线，并设有地铁奥林匹克公园站，便于行人游客往来于此，满足人流量大、使用者类型丰富的需求，位置优越。目前已经成为北京最具典型特色的商业休闲型下沉广场之一。

蓝色港湾下沉广场位于朝阳区朝阳公园西北角，北侧是经过整治的亮马河及第三使馆区，其所处的核心商圈内与北京有代表性的高消费商圈均有交汇。建筑群采用欧洲小镇的建筑风格和模式。蓝色港湾区域内的高级酒店、高档社区、高档写字楼众多，消费者类型丰富，具有稳定的客流，消费潜力巨大，是北京最具国际化的区域之一，是一个低层、低密度的街区式商业中心，是北京城市空间中独树一帜的商业休闲型下沉广场。

从建成环境的角度来看，在北京现有的商业休闲型下沉广场中，奥林匹克公园下沉广场和蓝色港湾下沉广场包含了此类下沉广场的绝大多数特征，二者可一同作为北京商业休闲型下沉广场建成环境最为典型的案例模型。广场形态上，奥林匹克公园下沉广场是较为常见的方正而开阔的下沉广场，而蓝色港湾下沉广场则是线面交错、形态灵活、立体而丰富的下沉广场；功能上，两广场分别侧重商业和休闲两个功能，奥林匹克公园下沉广场是以大型国际赛事为背景展现中国文化、精神，承载市民文化活动为主，兼顾市民商业活动的下沉广场，而蓝色港湾下沉广场是以承载纷繁的商业活动为主，兼顾市民文化活动和休憩娱乐的下沉广场；交通上，奥林匹克公园下沉广场展现着城市贯穿地上公共交通、地下轨道交通的立体交通网与城市下沉广场之间的联动，而蓝色港湾下沉广场则是一座较为纯粹的商业休闲活动空间，因此这两座下沉广场是认识和研究下沉广场典型建成环境舒适度的适宜的切入点。

4.2　基于典型下沉广场建成环境的舒适度评价权重计算

根据第2章构建的商业休闲下沉广场典型建成环境的舒适度评价体系，进行舒适度评价研究首先要先确定各层级因素的权重指标。各因素重要性可用1～9比例标度法将其量化以便比较，予以赋值，从而构造判断矩阵，形成比较判断矩阵A=（aᵢⱼ）n×n①，通过判断矩阵以及相关的计算，最终得到各评价因子的定量指标[14]。同样通过SD法，根据问卷调查数值统计结果，对指标层的各个因素进行赋值，计算出平均值和权重值，针对三级评价因素，通过层次分析法（AHP）分别进行权重赋值计算，从而得出各因素的权重指标[15]。

通过对每一层级各项因素权重的赋值计算，得到北京市商业休闲型下沉广场典型建成环境评价体系的权重赋值表，如表4-2。

权重赋值分布表　　　　　　　　　　　表4-2

目标层	一级因素（准则层）	权重	二级因素（目标层1）	权重	三级因素（目标层2）	权重
下沉广场典型建成环境评价因素集	物质环境层面	0.576	自然环境层面	0.096	微气候	0.04
					避雨雪烈日设施	0.026
					绿化植被	0.016
					水景水系	0.014
			建成环境层面	0.48	地面铺装	0.089
					无障碍设施	0.16
					公共服务设施	0.032
					休息设施	0.088
					噪声状况	0.014
					夜间照明状况	0.024
					卫生状况	0.073

① aᵢⱼ表示不同因素i和j之间进行互相比较。划分5档衡量级别：绝对重要、十分重要、很重要、稍微重要、同样重要，对应9、7、5、3、1分值。

续表

目标层	一级因素 （准则层）	权重	二级因素 （目标层1）	权重	三级因素 （目标层2）	权重
下沉广场 典型建成 环境评价 因素集	社会环境层面	0.279	环境心理层面	0.07	空间界面	0.016
					边界	0.023
					可达性	0.031
			社会文化层面	0.209	场地管理	0.082
					市民活动	0.072
					商业活动设施	0.025
					文化活动设施	0.03
	人为层面	0.145	尺度感知层面	0.109	空间尺度	0.027
					下沉深度	0.082
			氛围感知层面	0.036	历史文化氛围	0.024
					公共艺术美观性	0.012

在得到权重赋值之后，可以对满意度进行评价，通过以下两个公式计算最终使用者对下沉广场的满意度 D 值：

$$T_i = (SD_i + 2) \times 20 + 30$$

$$D = \sum_{i=1}^{n} \frac{T_i K_i}{100}$$

其中，SD_i 是从SD调查统计得出的每个因子的平均值，T_i 为了便于比较，将满意度计算值的区间放大，K_i 是每个因素的权重值，D 是用户满意度评估的最终得分。

基于上述方程，D 的理论值在30和110之间。为了使评价结果更加直观，其满意度值所代表含义见表4-3。

满意度评价表　　　　　　　　　　　　　　　　　　　　　　　　表4-3

使用者满意度得分	满意度评价	
95 ~ 110	很满意	☆☆☆☆☆
79 ~ 94	满意	☆☆☆☆
63 ~ 78	一般	☆☆☆
47 ~ 62	不满意	☆☆
30 ~ 46	很不满意	☆

图表来源：杨诚. 基于POE的城市休闲广场满意度评价及设计优化策略研究[D]. 合肥：合肥工业大学，2019.

4.3　典型下沉广场建成环境实例舒适度评价

4.3.1　北京奥林匹克下沉广场空间布局与绿化

北京奥林匹克公园下沉广场位于奥林匹克中心区域，鸟巢北侧，占地面积约为4.5hm²，见图4-1。下沉广场内部结合地下商业设施和地铁建设，为市民和游客提供了游玩购物的场所。下沉广场内的地铁站在2008年北京奥运会期间为周边的奥运场馆输送了大量参赛、观赛人员。下沉广场如今已经成为游憩活动的重要户外场地，为广大市民和游客所共享。奥林匹克公园下沉广场由城市道路划分为南北两个区域，通过5座廊桥和大屯路将广场划分为7个院落，提取北京的紫禁城和四合院中的设计元素，表现出鲜明

图4-1　北京奥林匹克公园下沉广场鸟瞰图及总平面图[16]

的城市特色。北区现用作办公管理区，游客不能随意进出，游人主要集中在南区，因此本书将南部区域作为研究的主要范围。南区由四个院落组成，采用大量中国传统文化元素，如编钟、铜萧、红鼓等。

奥林匹克公园下沉广场的四个庭院空间由南到北形成一个递进的多中心空间序列，如同北京传统四合院坐北朝南沿中轴线发展的院落布局，沿用了北京传统民居的建筑布局。下沉花园上空以90m为间距设立一座步行桥，每过一座桥，如同跨过四合院中的一道门，在高度方向上的收放，再加上桥柱的分隔，增加了单调的横向空间起伏和韵律。垂直方向的交通空间在保证下沉广场人员疏散功能的同时，起到了划分纵向空间的作用，丰富了广场内垂直空间的层次。

1号院作为下沉花园自南至北的起点，人流主要来自于南侧国家体育场北路和西侧公园主轴线的人流。南侧的大台阶和西侧的坡道和扶梯将地面的人流引向下沉广场。1号院西侧是商业走廊，东侧是商业设施入口和供游人休息停留的水景广场。宽大的台阶兼顾了使用者的通行和休息的功能，在1号院举行活动时，便可转化为观众区（图4-2）。

2号院通过对中国传统建筑材料瓦的创新运用，结合室外景观，呈现了一组北京传统四合院建筑，形成了一处能够体现地域文化特色的休息空间。2号院在意向上是一组三进式四合院，为满足下沉广场内开放空间的使用需求，去掉了所有非承重的构件，只保留了支撑屋面的梁柱体系。通过院外的镂空瓦墙，院内运用立瓦铺地，并在玉兰树下设置倒影水池，在

表达传统建筑空间的同时注入了新的设计语言，为下沉广场内部的使用者提供了一处开放惬意的传统建筑空间。2号院既是与地铁出入口衔接的疏散广场也是东西两侧商业建筑的室外出入口，同时还是下沉广场内使用者的休息空间、小乐团活动的弹唱廊、茶社和举行公共聚会的户外场地。

3号院是位于由南向北第三进院落，有3个疏散出口，其西侧为地铁8号线奥林匹克公园站的进站口，作为过渡性空间，南北与前后院落相连。

4号院联系南北两部分下沉广场，通过大屯路人行隧道连接到北部的5号院空间。因此，4号院作为下沉广场中的背景空间淡化了个性，采用对称式布局，以空间过渡为主要目标。

1号院的东西两侧分别种有4棵槐树，和南侧的水景广场构成一组休闲空间，南部的水幕长50m、高6m。在夏季的午后，广场中央的旱喷泉会喷出水雾，游人孩童在水雾中穿梭游玩，为炎热的盛夏带来阵阵清凉，既能降温增湿也增加了下沉广场的趣味性，营造出互动参与的活动方式。2号院中种植的白玉兰、丁香树、龙爪槐、寿星桃、金镶玉竹等植物均是北京四合院内选用的常见植物，也是象征吉祥如意的传统植物，美化环境的同时也增强了传统院落的氛围，在庭院

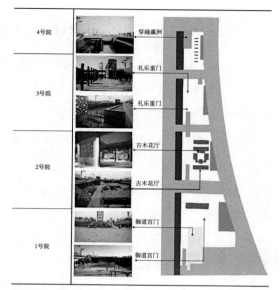

图4-2　1~4号院空间特征

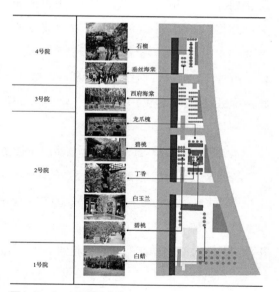

图4-3　1~4号院绿化状况

中的玉兰树下分别设置了倒影水池，雨后便会蓄水倒映出树影，优雅宜人。3号院通过黄铜格栅的铺地对地面进行分割，在其间东西两侧分别种植多行西府海棠，形成一道道景观屏，用来划分下沉广场的内部空间。4号院东侧种植了6棵石榴树，其间用玻璃屏风隔离，西侧种植垂丝海棠，并在下方设置休息座椅，在休息空间上方形成了一片阴凉，春季在垂丝海棠树下休憩如同置身花海，为使用者提供了私密性良好的休息空间（图4-3）。

4.3.2　北京奥林匹克下沉广场建成环境舒适度主观评价

根据调研及观察，该建成环境中的使用者行为类型分为四类：购物消费、嬉戏玩耍、漫步经过和坐靠休息。其中，购物消费包括了驻足购物、餐饮消费、观望橱窗内商品等行为，漫步经过包括看手机、交谈、驻足观望等活动。通过拍照法记录人的行为活动可知，大部分使用者选择从南部坡道进入下沉广场，少数选择楼梯。可以观赏南侧叠水墙面的位置坐靠休息者较为集中。开敞的空间主要聚集了体育活动者，包括踢毽子等。在廊桥下方，由于阴凉开敞，许多人选择在此处打太极、跳广场舞、练习服装表演等活动。建筑入口以及靠近地铁站位置的人流量较大。树下方有部分休息座椅，阴凉时常有人群在此处饮食休息，但当烈日曝晒时，人们更愿意选择进入2号院的四合院内休息，此处有较多植物和屋顶构架遮挡，在春夏两季院内玉兰和丁香花开时，此处停留的人群最多。在四合院南侧顶棚下方的开敞空间，经常有小乐团、舞团在此处演出排练，能够吸引大量人群拍照观看。

（1）使用群体分析

通过问卷统计分析，建成空间使用者中，女性占56%，男性占44%；使用人群的年龄构成按照由高到低顺序依次是46～60岁（27%）＞15～30岁以上（25%）＞60岁以上（20%）＞31～45岁（16%）＞15岁以下（12%）。使用者职业构成按照由高到低顺序依次是离退休者（43%）＞上班族（32%）＞学生（16%）＞其他（9%）；使用者来源按照由高到低顺序依次是市区的附近居住区（46%）＞外省市（32%）＞本市其他区域（22%）；前往下沉广场的交通方式按照由高到低顺序依次是乘坐地铁前往广场（32%）＞步行（22%）＞公交前往（11%）＞驾车前往（16%）＞自行车（19%）。

经过分析，使用下沉广场目的中，按照由高到低顺序依次是游玩观光（35%）＞进入商场购物（29%）＞休闲消遣（21%）＞活动锻炼（15%）。在广场中使用者主要活动中，按照由高到低顺序依次是散步（35%）＞欣赏风景（24%）＞健身活动（19%）＞文娱活动（13%）＞闲坐（9%）。在使用者来往场地频率分析中，按照由高到低顺序依次是一周一次（32%）＞每天前往（27%）＞第一次来（17%）＞一周多次（13%）＞偶尔（11%）。一年四季中，使用者选择在广场内活动的季节，按照由高到低顺序依次是春季（42%）＞夏季（33%）＞秋季（21%）＞冬季（4%）。

（2）SD量表分析

此处将SD量化尺度划分5级：-2，-1，0，1，2，制作成平均语义分布曲线，根据使用者对各项因素的评价等级进行量化分析（图4-4）。

在22个评价因子中，SD曲线上有18个正因子，分别为：微气候、绿化植被、地面铺装、无障碍设施、公共服务设施、休息设施、噪声控制、夜间照明情况、卫生状况、空间界面、

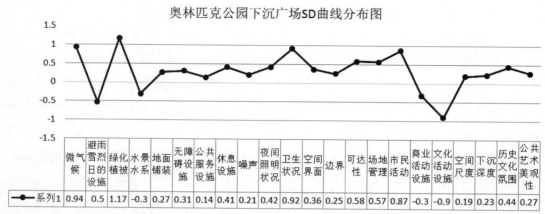

图4-4　奥林匹克公园下沉广场建成环境SD曲线分布图

边界、可达性、场地管理、市民活动、空间尺度、下沉深度、历史文化氛围、公共艺术美观性。曲线上负因子有4个，分别为避雨雪烈日的设施、水景水系、商业活动设施因子值、文化活动设施。

　　由以上数据分析可知，物质环境中包含9个正因子和2个负因子，评价分数最高的是"绿化植被"，对"避雨雪烈日的设施"和"水景水系"两项较为不满，评价分数为负值，其他因素均较为满意；社会环境层面包含5个正因子、2个负因子，评价分数最高的是"市民活动"，对"商业活动设施"和"文化活动设施"两项较为不满，评价分数为负值，其他因素均较为满意；人为层面包含4个正因子，无负因子，评价分数最高的是"历史文化氛围"。

　　总体来看，使用者对于奥林匹克公园下沉广场的物质环境层面因素和人为层面因素很满意，对于社会环境层面因素比较满意，整体评价较高。

　　（3）评价指标体系分值评价

　　根据前文中SD量表得出的各项分值和评价校验公式，得出各项评价因素的分数和整体得分（表4-4）。

奥林匹克公园下沉广场综合评价体系分值计算表　　　　　　表4-4

一级因素 （准则层）	二级因素 （目标层1）	三级因素 （目标层2）	权重（K_i）	SD_i	得分（D）
物质环境层面	自然环境层面	微气候	0.04	0.94	3.55
		避雨雪烈日设施	0.026	−0.53	1.54
		绿化植被	0.016	1.17	1.49
		水景水系	0.014	−0.31	0.89

续表

一级因素 （准则层）	二级因素 （目标层1）	三级因素 （目标层2）	权重（K_i）	SD_i	得分（D）
物质环境层面	建成环境层面	地面铺装	0.089	0.27	6.71
		无障碍设施	0.16	0.31	12.19
		公共服务设施	0.032	0.14	2.33
		休息设施	0.088	0.41	6.88
		噪声状况	0.014	0.21	1.04
		夜间照明状况	0.024	0.42	1.88
		卫生状况	0.073	0.92	6.45
社会环境层面	环境心理层面	空间界面	0.016	0.36	1.24
		边界	0.023	0.25	1.73
		可达性	0.031	0.58	2.53
	社会文化层面	场地管理	0.082	0.57	6.67
		市民活动	0.072	0.87	6.29
		商业活动设施	0.025	−0.32	1.59
		文化活动设施	0.03	−0.91	1.55
人为层面	尺度感知层面	空间尺度	0.027	0.19	1.99
		下沉深度	0.082	0.23	6.12
	氛围感知层面	历史文化氛围	0.024	0.44	1.89
		公共艺术美观性	0.012	0.27	0.90
总分					77.45

　　经过计算分析，奥林匹克公园下沉广场得分为77.45分，根据前文中的满意度评价表可以看出，下沉广场的满意度为一般满意水平，其中多项要素仍有待提升的空间。

4.3.3　北京蓝色港湾下沉广场空间布局与绿化

　　蓝色港湾位于朝阳公园路，北临亮马河，东南两侧为朝阳公园内湖，三面环水。蓝色港湾不仅具有浓厚的国际化商业氛围，而且有优美的自然环境。蓝色港湾内部建筑为19栋欧式风格的低层建筑，围合成下沉广场，为来到此地的人们创造了浪漫休闲的游玩购物体验。

　　蓝色港湾西北侧的广场是外部空间通向下沉广场区域的过渡空间，承接外来的人群和车辆。由西北入口广场、玻璃廊道、中央广场和街巷空间组成线性的空间序列，从西北广场作为空间序列的开端，通过玻璃廊道与中央广场相连。中央广场由水滴广场和音乐喷泉广场两部分构成，水滴广场作为中央广场的前奏既突出了音乐广场的空间高潮部分，也打破了广场大空间的空旷之感，在中央广场的尽头与活力城相连，以弧形的街巷空间进行收尾（图4-5）。

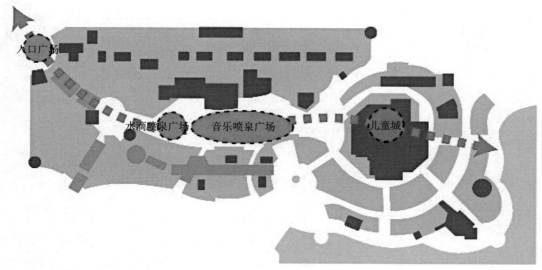

图4-5　蓝色港湾下沉广场空间序列图

蓝色港湾下沉广场贯穿室内外并串联起所有商业板块，组成"8"字形的两个近圆形空间。整条流线由玻璃连廊、室内中庭、空中连廊、屋顶小巷等串联起来，为下沉广场中的使用者带来丰富的空间体验，通向中央喷泉广场的坡道随着下沉广场高度的变化而改变，使人们来到下沉广场呈现出一种进入山谷之感。

在南侧入口广场和中央音乐广场的中心均设有一座喷泉，左岸为滨水空间，为使用者提供了丰富良好的亲水体验。

4.3.4　北京蓝色港湾下沉广场建成环境舒适度主观评价

蓝色港湾下沉广场的使用者行为类型主要分为四类，分别是购物消费、嬉戏玩耍、漫步经过和坐靠休息。其中，购物消费包括驻足购物、餐饮消费、观望橱窗内商品等行为，漫步经过包括看手机、交谈、驻足观望等活动。在蓝色港湾下沉广场采用拍照法记录人的行为活动。

在西北角的入口广场，通过实态观察发现，大多数人直接通过地面广场进入该区域，还有少数人选择在广场中心的雕塑周围闲坐休息。在音乐广场和水滴广场区域，是蓝色港湾下沉广场中最开敞的位置，有丰富的景观和娱乐设施，通过观察发现此处是人们聚集、休憩停留最集中的场所，人们多集中在喷泉周围、座椅和台阶处休息玩耍。交谈的人群更愿意坐在靠边的座椅上或者人流量较少的阶梯上。晚间7点左右是人群聚集最多的时间段，前来观看音乐喷泉的人群增多，这类体验式消费活动同时也吸引了较多年轻人。在下沉广场东侧商业活力较低，人气不高，使用者较少。

（1）使用群体分析

通过问卷统计分析，广场使用者中，女性占52%、男性占48%；使用人群的年龄构成按照由高到低顺序依次是：15～30岁以上为（32%）＞31～45岁为（27%）＞46～60岁（18%）＞60岁以上（14%）＞15岁以下为（9%）。使用者职业构成按照由高到低顺序依次是：离退休者（46%）＞上班族（39%）＞使用者学生（9%）＞其他（6%）；使用者来源按照由高到低顺序依次是：市区的附近居住区（58%）＞本市其他区域（27%）＞外省市（15%）；前往下沉广场的交通方式按照由高到低顺序依次是：公交前往（27%）＞步行（23%）＞乘坐地铁前往广场（18%）＞自行车（18%）＞驾车前往（14%）。

经过分析，使用者来下沉广场目的中，按照由高到低顺序依次是进入商场购物（47%）＞休闲消遣（24%）＞活动锻炼（18%）＞游玩观光（11%）。在广场中使用者主要活动中，按照由高到低顺序依次是：散步（34%）＞闲坐（22%）＞健身活动（16%）＞文娱活动（14%）＞欣赏风景（14%）。在使用者来往场地频率分析中，按照由高到低顺序依次是：一周多次（36%）＞偶尔（22%）＞一周一次（18%）＞每天前往（9%）＞第一次来（15%）。一年中，使用者选择在广场内活动的季节，按照由高到低顺序依次是春季（39%）＞夏季（30%）＞秋季（24%）＞冬季最少（7%）。

（2）SD量表分析

此处将SD量化尺度划分5级：–2，–1，0，1，2，制作成平均语义分布曲线，根据使用者对各项因素的评价等级进行量化分析（图4-6）。

SD曲线上正因子有18个，分别是微气候、绿化植被、水景水系、地面铺装、公共服务设施、休息设施、无障碍设施、噪声控制、夜间照明情况、卫生状况、空间界面、边界、可达性、场地管理、商业活动设施、空间尺度、下沉深度、公共艺术美观性。

SD曲线上负因子有4个，分别为避雨雪烈日的设施、市民活动、历史文化氛围、文化活动设施。

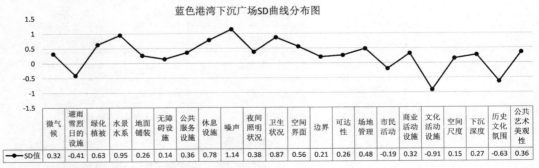

图4-6　蓝色港湾下沉广场建成环境SD曲线分布图

根据SD曲线能够看到，物质环境层面中包含10个正因子和1个负因子。评价分数最高的是"水景水系"，对"避雨雪烈日的设施"较为不满，评价分数为负值，其他因素均较为满意。社会环境层面包含5个正因子和2个负因子，评价分数最高的是"空间界面"，对"市民活动"和"文化活动设施"两项较为不满，其他因素均较为满意。人为层面中包含3个正因子，1个负因子，评价分数最高的是"公共艺术美观性"，对"历史文化氛围"较为不满，评价分数为负值，其他因素均较为满意。

总的来看，对于蓝色港湾下沉广场而言，使用者对物质环境层面、社会环境层面、人为层面均比较满意，其中对物质环境层面满意度最高。

（3）评价指标体系分值评价

根据前文中SD量表得出的各项分值和评价校验公式，得出各项评价因素的分数和整体得分（表4-5）。

蓝色港湾下沉广场综合评价体系分值计算表　　　　表4-5

一级因素 （准则层）	二级因素 （目标层1）	三级因素 （目标层2）	权重（K_i）	SD_i	得分（D）
物质环境层面	自然环境层面	微气候	0.04	0.32	3.06
		避雨雪烈日设施	0.026	−0.41	1.61
		绿化植被	0.016	0.63	1.32
		水景水系	0.014	0.95	1.25
	建成环境层面	地面铺装	0.089	0.26	6.69
		无障碍设施	0.16	0.14	11.65
		公共服务设施	0.032	0.36	2.47
		休息设施	0.088	0.78	7.53
		噪声状况	0.014	1.14	1.30
		夜间照明状况	0.024	0.38	1.86
		卫生状况	0.073	0.87	6.38
社会环境层面	环境心理层面	空间界面	0.016	0.56	1.30
		边界	0.023	0.21	1.71
		可达性	0.031	0.26	2.33
	社会文化层面	场地管理	0.082	0.48	6.53
		市民活动	0.072	−0.19	1.55

续表

一级因素 （准则层）	二级因素 （目标层1）	三级因素 （目标层2）	权重（K_i）	SD_i	得分（D）
社会环境层面	社会文化层面	商业活动设施	0.025	0.32	1.91
		文化活动设施	0.03	−0.91	1.55
人为层面	尺度感知层面	空间尺度	0.027	−0.15	1.97
		下沉深度	0.082	0.27	6.18
	氛围感知层面	历史文化氛围	0.024	−0.63	1.38
		公共艺术美观性	0.012	0.36	0.93
总分					72.46

根据前文对于评价因素集内各项因素的权重赋值，经过计算分析，蓝色港湾下沉广场72.46分，根据前文中的满意度评价表可以看出，下沉广场的满意度为一般满意水平。

4.4　典型下沉广场建成环境物质环境层面因素分析

4.4.1　自然环境层面

由于评价体系中的三级因素微气候涉及模拟计算，故单独作为一节讨论分析。本节主要分析绿化植被和水景方面对舒适度的影响。

（1）绿化植被

在下沉广场的环境设计中，合理地选择植物的类型能够使植物在不同的季节均能发挥较好的作用。例如，奥林匹克下沉广场1号院中选择种植两列国槐，国槐树为一种中国传统的大型落叶乔木，其树冠呈现出半开敞的羽叶状特点，使得下沉广场的空间更具有立体感，能够在夏天通过浓密的树冠有效的为下方的休息空间遮挡住强烈的太阳辐射，也能够在冬天落叶后满足人们在阳光下休息的需求。

不同颜色和品种的植物会营造出不同的空间氛围，通过植物景观的对比与调和能够突出建筑空间的主题。例如蓝色港湾为地中海风格的建筑群，其内部选用的多为外来物种。其中种植的黄栌中的稀有品种紫黄栌，是广场内典型的常年异色植物，还种有夏季开白花的荷花、玉兰。叶形奇特且花期很长的杂种鹅掌楸，在秋季叶色呈金黄。这些植物在北京地区应用较少，为下沉广场营造出异域风情。广场内的建筑主体以橘黄的暖色调为主，配植的紫黄栌、紫叶矮樱等植物产生比较柔和的颜色对比，以突出建筑主体，在广场中央种植颜色鲜明的植物，如金黄的银杏、鲜红的火炬树，增加明亮活跃的气氛。

合理配置植物还能营造出很多的小空间，例如奥林匹克公园下沉广场2号院四合院外围在建筑转折处种植碧桃，既为院内的休息者提供视线上的遮挡，又为外围穿行的人们提供视觉吸引物，吸引更多的人们进来观赏休息，院内种植的白玉兰和丁香树，具有不同的季相色彩，能够为人们提供丰富的视觉效果。

花卉、灌木经过配置形成的综合形态具有点缀烘托的作用，能够使主景的特色更加地突出，将其布置在道路两旁或广场中央的花池、花坛能够丰富布景的层次。例如在蓝色港湾下沉广场中种植了多种灌木及花卉，例如月季、迎春、樱桃李、榆叶梅、凤仙、玉簪等，主要分布在中央广场和左岸广场中的花坛和盆栽中。既能与其他植物的叶色呼应，又能丰富广场内部的景观层次。在墙角布置的花坛也能够起到过渡的作用，以及减少建筑转折带来的生硬感，软化建筑的外立面的作用。

植物在公共空间中除了能够美化环境还能起到围蔽遮挡的作用，例如奥林匹克公园下沉广场3号院的西府海棠树阵，通过树和草坪将3号院的空间划分成不同领域的空间，在西府海棠和草坪之间为私密空间，东西两组西府海棠树阵之间的空间为公共空间，通过有规律地种植西府海棠使空间具有流动性、引导人流方向。4号院的6棵垂丝海棠和石榴树阵为进入下沉广场的人们提供了视觉上的吸引，尤其在春季海棠花开和夏季石榴花开时能够吸引大量人群在此游玩拍照，可以丰富下沉广场的景观层次并提高使用率。低矮的垂丝海棠营造出相对私密的空间，并为树木增加了更多更丰富的欣赏角度。

（2）水景

下沉广场中的水景的营造方法是多种多样的，下沉广场内水景的设计可以依据下沉形成的落差形成水幕或者瀑布。奥林匹克公园下沉广场1号院南侧的水幕墙设置在出口的对景方向，使人们离开地下空间就能看到水景，在水幕开启时，能够有效地降低广场周边嘈杂的噪声，使地面的人们被水幕带来的清凉感和流水声所吸引，起到了吸引人流、引导人流、活跃下沉广场气氛的重要作用（图4-7）。

在下沉广场中对于自然水景的运用较少，难度也较大，因此喷泉的做法便成为一种很好的选择。蓝色港湾中央喷泉广场和西北入口广场的喷泉，为周围嘈杂的环境带来有节奏和规律的水声，吸引大量人群进入广场，并围绕喷泉周围的水池玩耍休憩，与其他的小品设施一起装点下沉广场内部的景观供人欣赏，结合周围可供人休憩的花池，满足了人们休闲亲水的心理要求。奥林匹克公园下沉广场1号院中央的开放式喷泉，既节约了下沉广场内宝贵的活动空间又满足了人们渴望亲水的诉求。喷泉开启时，在广场中央形成一片片水雾，吸引了大量使用者在其间穿梭游玩（图4-8）。

图4-7　奥林匹克公园下沉广场水幕

图4-8　奥林匹克公园下沉广场喷泉

4.4.2　建成环境层面

（1）休息设施

由于下沉广场服务于休闲的主要功能，在广场内一般都散布着很多可以提供休息的空间，多采用围绕景观、花池、喷泉与坐凳相结合的布置方式。其中，蓝色港湾下沉广场多为离心弧形分布，单独的休憩者或小型群体之间朝向不同方向，避免视线交流，能够获得较高的私密性，依靠树木或喷泉能够给人提供背景依靠和较强的领域感，既能看到广场内其他人的行为活动，又不被其他人干扰，能吸引较多的游客在此处停留。

奥林匹克公园下沉广场设置了不同尺度的休闲座椅，适宜单人或2～3人以亲密距离休息的座椅，能够维护小团体的私密性，并在休息座椅之间利用绿化形成一排排景观屏障，为使用者提供心理上的依靠。部分座椅之间有较高的桌台，供人倚靠休憩或临时放置物品，满足人们"停、站、坐"的不同需求。线性布置的休息座椅顺着游廊布置。此处每段座椅可以服务于2～5人的小团体，可以为休憩者提供相对充足的座位，陌生人共坐时人们也可以根据座椅上的人群密度随时调整距离维护相对的私密感，侧面有低矮的碧桃树遮挡，这样的休憩空间，为人们提供了安全可靠的空间背景，人们能够有一定的安全感和隐蔽性，又能够看到庭院内其他人的活动，对于在此处休息的使用者来说，这样的空间环境是十分舒适的。树下的环绕式休息座椅，利用上方树冠面积大，对休息空间的遮蔽作用强大，形成领域感，配合周边植物，成为人们欣赏景观驻足停留的好地方。使用者在下沉广场内的面状座椅旁能够自由的选择就座的方向，能够满足4～7人的小团体或陌生人进行灵活运用，使用方式也非常丰富，由于其圆形布置使其具有离心性，陌生的单独的休憩者之间视线没有交流各自能够获得较高的私密性。

（2）无障碍设施

无障碍设施的设置是城市人性化的体现，下沉广场由于下沉于地面而产生的高差，使设置适当的无障碍设施尤为重要，以便于残疾人、老年人等人群也能够方便地进入下沉广场，享受户外活动空间。因此，无障碍设施是使用者对建成环境舒适度评价的重要指标。在奥林匹克公园下沉广场中，1号院内，结合大台阶布置坡道，在2号、3号院分别结合廊桥设置一部直梯通向下沉广场，无障碍设施均在出入口的附近，并且自动扶梯的上下两端均具有停留回转的空间和轮椅标志，能够保证残障人士不会有被任何空间排除在外的感觉，能够和常人一样顺利地进入下沉广场游玩观赏。除残疾人外，下沉广场其他的使用者也乐于通过坡道、直梯和扶梯进入下沉广场，无障碍设施在为残疾人提供帮助的同时也为大众提供了便利。

围绕商业的下沉广场，为了产生的丰富商业空间会出现更多的高差变化，对于残疾人来说在这样的空间中通行会产生一定的不便，因此在高差丰富的下沉广场内部需要考虑设计多处无障碍通道以满足通行需求。例如，蓝色港湾下沉广场内部结合高差变化丰富的空间和层次丰富的楼梯设置了多处坡道。坡道设计也采用了宽度变化；采用弧形的曲线并与树池相结合，在满足安全性的基础上丰富了景观层次。使其比传统的楼梯更具有趣味性，为使用者提供了更为休闲的漫步方式，使得其他使用者在楼梯和坡道中也大多选择坡道进入下沉广场。

4.5　典型下沉广场建成环境社会环境层面因素分析

4.5.1　环境心理层面

（1）空间界面

下沉广场不同于地面广场，由于其下沉的特性，造成其空间界面对使用者舒适度的影响更强烈，而且，其空间界面分为下沉后的一般挡土墙、周边围合下沉广场的建筑界面两类。

商业特色鲜明的蓝色港湾下沉广场由19栋低层建筑群形成地中海风格的空间界面来围合，建筑物的外立面设计模糊了窗户、墙壁和屋顶之间的界限，通过相互穿插组合的方式，给人统一而又多变的空间体验。建筑物由中央广场区域向两侧区域的建筑边界线由直线过渡为弧形界面，带给人丰富的空间体验。建筑物立面材料、建筑色彩光影以及建筑不同形式的凹凸变化使得下沉广场内部的空间界面变化十分丰富。采用这样的方式基本在空间界面上给使用者类似于地面以上的感觉。

对于奥林匹克公园下沉广场而言，由于其地面以上周边主要也是广场，所以下沉广场的界面相对单一。东侧界面是弧形墙面和7个商业入口立方体，西侧界面是统一严整的柱廊，整体性强且语言统一。1号院的三面围合空间和空旷的南北纵深设计形成了类似于传统礼仪空间的震撼力和稳定感。2号院在空间界面上主要侧重于材料的应用，大量使用了瓦，呼应院落主题。界面布置瓦墙结合钢结构形成鲜明的对比效果，在铺装上采用立瓦铺地和瓦墙形成呼应关系。界面对于瓦的运用突破了在传统建筑中的做法，既表现出传统建筑材料的朴素美感，又体现出现代建筑结构的理性和创新。3号院在商业建筑外墙的立面上继续沿用了镂空瓦片墙的做法，在下部引用了丝网印刷竹纹的玻璃墙面，成为瓦院的空间背景并与其相互呼应，并传达出了丰富的文化意境。4号院通过镂空棚架与红墙强化了其作为南北两部分下沉广场之间重要的交通空间的引导功能。侧面垂挂的玻璃材质构成的转折空间和大屯路人行隧道的吊顶高度取平，保证了空间界面的整体性，能够使人们在进入下沉广场之前产生一定的心理过渡。

（2）边界

边界的肌理需要使地面空间与下沉广场空间环境之间形成较为自然的空间过渡，将地面空间的元素引入下沉广场，体现出其对外界的渗透力与包容力并形成地上、地下空间的融合。在蓝色港湾下沉广场，运用入口处的广场和喷泉制造出其与周边商业街道与空间的过渡区域，通过柔性边界分割，这一区域将下沉广场与外部空间环境巧妙地联系起来，吸引了外部人群的注意力。

奥林匹克公园下沉广场的边界肌理有以下几种形式（图4-9）：①垂壁式，下沉广场东侧的边界主要是垂壁式，能够明确下沉广场的边界形态；②垂直景观式，比如1号院的水墙即是垂直景观式，这是下沉广场中较为常见的边界形式，如水墙或植物墙，能够为下沉广场空间塑造宜人的空间立面，同时弱化下沉广场边界的生硬形态；③台阶式，如1号院北侧的大台阶即是台阶式边界。通过台阶的过渡能够使使用者在进入下沉空间的过程中产生心理上的过渡，缓解进入地下空间的压抑感，使得行为更加舒适、自由。④建筑边界式，如4号院自动扶梯处的红墙空间即建筑边界式肌理。这种处理方式形成的灰空间，利于标识进入下沉广场的入口。

边界的形态对空间有很大的影响，其对空间进行封闭与围合的处理，有利于下沉广场空间的限定，比如蓝色港湾主要采用两面垂直围合，构成"L"形或"T"形空间，产生较好的封闭感，同时整个地下空间与地面空间过渡非常自然，空间效果也较有趣味性，几乎做到了空间的无缝衔接。

奥林匹克公园下沉广场1号院和4号院，形成的三面围合的下沉空间，私密性和空间领域感、封闭感较高，方向性较强。2号院和3号院形成两面围合的下沉空间，具有良好的流动性，使得整个地下空间内部的过渡较为

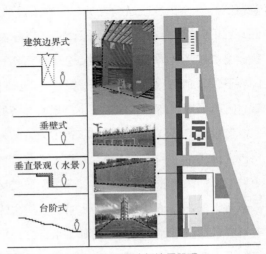

图4-9　奥林匹克公园下沉广场边界肌理

自然。通过垂直边界的围合，可以提供安静宜人的交往空间，减少外部的干扰，实现有围有放，围而不死的空间效果（图4-10）。

4.5.2 社会文化层面

根据下沉广场的定位不同以及面向使用人群不同，其社会文化设施的设置也有所侧重，当使用人群的目标预期和设施设置较为统一的时候，该层面的因素有助于提高使用者的舒适度评价。

（1）市民活动

市民活动是使用者实际在下沉广场上行为的具体体现，是建成环境舒适度的重要指标，不同的功能定位决定了不同的活动内容、方式以及行为模式，也会对建成环境的设计产生影响。

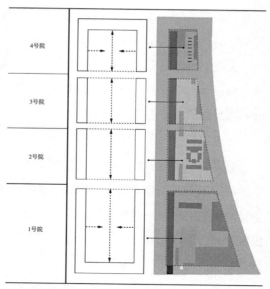

图4-10 奥林匹克公园下沉广场边界形态

奥林匹克公园下沉广场作为市民公共休闲活动空间的属性很强，强于其商业属性，因此在此下沉广场内的市民活动呈现出十分丰富且富有活力的面貌，在广场不同特点的空间中，形成了具有时段性和区域性的多种市民活动类型。奥林匹克公园下沉广场东侧是人流量较大的天虹商场，该下沉广场的1、2、3、4号院之间的三条东西向道路均为天虹商场的入口，商场上午10:00开始营业，在营业之前，这三条道路上均有人晨练，尤其以1、2号院之间的道路最为明显，其与1号院共同组成了一个密集的晨练场所。随着工作时间的开始，各道路和院落迅速转换为承载通勤人员、购物人员的交通和临时休憩的空间。下午，天气晴好的时间，在2号院中会有市民自发地合唱和演奏，或者儿童集体活动。晚间，四个院落中又以市民健身锻炼活动为主。奥林匹克公园下沉广场目前的市民日常活动状态体现出了该广场各空间在各时段的最大限度利用，部分空间在不同时段还可以自动转换承载不同的市民活动类型，充分展现出商业休闲型下沉广场所具备的多重功能属性。

蓝色港湾下沉广场每天都接待了大量前来购物休闲的人群，其建筑和景观所呈现出的风格极大地满足了多元文化融合的需要。在蓝色港湾下沉广场中存在的市民活动可以归纳为两个种类，一是年轻群体的购物、餐饮、社交活动，二是亲子娱乐活动，这两类市民活动都直接来自于下沉广场内多种类的水景、多层次的植物景观、灵动的空间形态、富有趣味的建筑造型和景观设施等诸多要素的独特组合方式，这种组合方式创造出诸如邻水的休息空间、临街的露天餐饮空间、多重阶梯与平台构成的立体街巷等富有趣味的空间，让消费者沉浸在舒适而富有情趣的广场中，放下生活和工作中的压力，专心与家人和朋友共同在此度过一段愉悦的时光，进而刺激消费者的消费欲望，促进商业活动的发展，而儿童在这种充满不同和奇幻的空间中，好奇心得到激发。由此可见，作为城市商业休闲型下沉广场，商业与休闲，即商业与市民活动，是可以相互促进的，这需要下沉广场及周边建筑、景观、设施的设计者准确把握该地区消费者的心理需求，并对此作出相应的精准的设计。

（2）商业活动设施

奥林匹克公园下沉广场内部几乎无商业活动设施，东西边缘则与密集的商业活动设施相接，且作为了这些设施的入口。该广场西侧分布着新奥工美大厦和地铁出入口的附属商业设施。其中地铁出入口的附属商业设施较为丰富且活跃，主要以餐饮业为主，平日在午间时段达到高峰时期，就餐人员多来自奥林匹克公园西侧的国家会议中心或周边其他单位，这一部分商业设施的设置在一定程度上将下沉广场与附近其他建筑进行了无形的沟通，避免了广场由于下沉而造成的氛围上的冷清。下沉广场东侧是天虹商场，天虹商场是奥体中心商圈规模最大的综合商场，涵盖服装、餐饮、超市、百货、娱乐等多层次的业态，是该地区最重要的消费场所，天虹商场的存在无疑为奥林匹克公园下沉广场注入了活力，天虹商场、地铁附属商业的东西并立也使下沉广场成为该地区庞大的地下空间的重要交通枢纽。由此可见，城市商业休闲型下沉广场的活力对其周边的商业活动设施依赖度很强，换言之，商业活动设施是商业休闲型下沉广场人流量的主要吸引源。

蓝色港湾下沉广场属于商业核心圈内，其内部的商业活动设施极为丰富，服装、餐饮、娱乐、教育一应俱全，尤以餐饮和教育最为显著。蓝色港湾下沉广场内的餐厅、咖啡厅等呈现出了室内、露天、半露天等多种形态。在广场东部，聚集着众多各档次的国内外儿童品牌和亲子活动、教育机构，与富有趣味建筑和景观、环境形成协调的氛围。餐饮行业一直是所有商业活动中最富有生命力的行业，在夜间，这些餐厅、咖啡厅伴随着城市年轻人夜生活的开始而热闹非常，餐饮行业的兴盛和其吸引来的源源不断的消费者也极大拉动了其他商业活动的发展，是蓝色港湾内的各类商业活动形成互利共赢的良好态势。蓝色港湾的建筑和景观的"体验性设计"极大地符合有孩子的家庭前来休闲，而在此设置密集的亲子活动、儿童品牌和教育机构无疑极大吸引了此类人群的视线，加之优美舒适的环境给消费者带来的愉悦、轻松的心情，此类商业活动类型得到了十分健康的发展。由此可见，在城市商业休闲型下沉广场的商业活动设施布置时，应抓住该区域消费者的消费喜好，发现该区域内最富有发展前景的商业活动形式，有重点、有特色地布置商业活动设施，使广场的商业功能得到最充分的发挥。

（3）文化活动设施

文化属性强的建成环境对文化活动设施的需求度较高。奥林匹克公园下沉广场具有很强的文化属性，其文化属性有两个方面内容，一是市民文化，二是国家文化，下沉广场内也设置了相应的文化活动设施。比如1号院大红门及大红门前开阔的广场以及广场南部的大台阶构成了一个宏大的露天剧场，主要承载大型集会、活动和日常市民文化活动，有着很强的活力。而在此的新奥工美大厦主要基于2008年奥运会期间向世界各国游客展示中国传统工艺美术作品，并结合工艺品销售，可以看作是商业活动设施与文化活动设施的结合。综合来讲，对于城市休闲型下沉广场的文化活动设施来说，可以没有很具体的诸如博物馆、影剧院等建筑形态，而是将这些文化功能赋予在下沉广场建成环境中，使其有限的空间饱含无限的功能。

4.6 典型下沉广场建成环境人为层面因素分析

人为层面是使用者在建成环境中产生的心理感受层面的评价，是对建成环境舒适度最为主观的评价，同时也是舒适度营造最为直接的影响因素。在尺度感知层面，适宜的尺度能够对降低使用者在下沉空间中的封闭感和压抑感。下沉深度与平面尺度比例关系对于使用者在广场内的行为感受会产生重要影响。在氛围感知层面，文化底蕴的传承能够增强公共空间的品质、延续文化内涵。浓厚的地域文化氛围能够增强使用者的归属感和亲切感，城市特色元素的运用能够彰显地域特征。建筑、小品、景观等多方面可以营造历史文化氛围，彰显特色。公共艺术品的设置能够增加文化氛围，为使用者提供良好的使用体验。

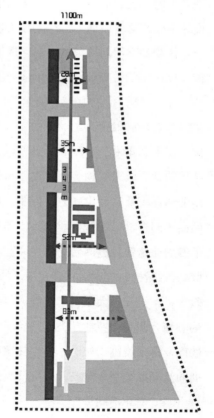

4.6.1 尺度感知层面

奥林匹克公园下沉广场的形态主要是由奥体中心中轴线和龙形水系的总体规划来决定的，东侧界面是弧线型，西侧界面是直线型，既与景观环境和谐共生，同时又延续了城市轴线。根据日本建筑师芦原义信所研究的建筑之间的比例关系，下沉广场底面大小和边界高度之间的比例关系在1∶1.5到1∶3之间是比较理想的，从1号院至4号院，南北长度约343m，1号院至4号院宽度在28～83m之间，下沉广场D/H值介于1∶1.5至1∶4之间，下沉空间由封闭逐渐向开敞过渡，空间尺度收放有致，变化极具律动感，是一个较为舒适的下沉空间尺度（图4-11、图4-12）。

蓝色港湾将广场分割成众多适宜人群活动的小型空

图4-11 奥林匹克公园下沉广场平面尺度

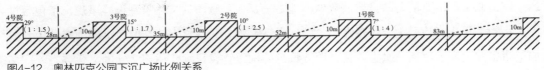

图4-12　奥林匹克公园下沉广场比例关系

间。中央广场为扇形，东西长度约140m，南北长度约40m，周边建筑约为2～3层，形成的高宽比约为1：4，视野开敞，东侧的活力城主要为街巷空间，街道宽度在8～15m之间，周边建筑高度为6～9m，此处的高宽比在1：1至1：2之间，适宜人停留并形成良好的流动性和连续性（图4-13）。

图4-13　蓝色港湾下沉广场平面尺度

4.6.2　氛围感知层面

下沉广场建成环境除了承载大众活动、商业外，还承载着城市文化。广场中的文化景观设施不仅丰富着广场的景观，还体现出现代公共空间对地域文化的传承和阐释。

作为2008年北京奥运会主会场旁的下沉广场，奥林匹克公园下沉广场承载了展示中国传统文化的功能，在文化景观设施的设计和设置上充分体现了其广场定位。在设计语言上，奥林匹克公园下沉广场各个庭院选择了故宫、民居、礼乐文化作为依据。"故宫"文化运用在1号院入口的朱红大门、钢结构飞檐上，点出了北京作为明、清时期政治文化中心的重要属性；在景观效果上，巨大的大门形成强烈的压迫感，在下沉广场入口的位置上达到欲扬先抑的目的，而作为单独的景观设施又不会对院落造成封闭之感；在功能上，既起到划分空间的作用，又能够作为大型公共活动、演出、集会的背景，有着多重功能属性。"民居"文化运用在了2号院中，以北京地区四合院民居青砖和灰瓦作为主色调和景观设施造型蓝本，设置了四周通透的三进四合院和周边以灰瓦拼成的景观墙，以再现北京老城中古朴恬淡的生活环境。值得注意的是，2号院中四合院窗户和景观墙中，都用灰瓦拼出了镂空的图案，在景观效果上，这种镂空的墙体和窗户增强了空间的通透性，同时也体现了中国传统造园手法中"框景"和"隔景"的继承。"礼乐"文化运用在3号院中，以中国独具特色的打击乐器编钟、鼓以及管乐器笛子作为文化设施的蓝本，以高耸的编钟和庞大的鼓架作为院落的起止，以阵列的笛子状金属柱贯穿院落，使3号院呈现出与中国传统礼制音乐一样的节奏，即以浑厚的打击乐开始，中间贯穿管乐，最后又以打击乐结束的节奏，体现了北京奥运会以最高的礼制欢迎世界游客的含义。

作为北京最富有活力的重要商业聚集地之一，蓝色港湾的文化景观设施呈现出了包容世界文化的多元化面貌，主要体现在构筑物、景观雕塑、景观灯上。在蓝色港湾的建筑中，添加了诸多如尖塔、穹顶、拱券等具有西方特色的构筑物，目标是体现多元的文化姿态。广场中也设置了大量的景观雕塑，其造型、风格各异，起到了地标作用，也使广场内的景观更加丰富，缓解了由于下沉广场的封闭性所带来的方向不明的弊端。同时，景观雕塑成为每个小的空间单元的视觉中心，承载了进行空间划分的作用。景观灯是蓝色港湾的一大景观特色，由于其具有夜间使用的需求，其建筑、构筑物、景观雕塑周边以及植物上都设置了景观灯，使蓝色港湾的夜景绚丽多彩，焕发着无尽的活力，体现了强烈的氛围感。

4.7 典型下沉广场建成环境微气候模拟分析

微气候是决定使用者在建成环境之中热舒适感的重要指标，是评价环境舒适度的重要因素之一。在评价体系中，其位于物质环境层面的三级评价因素，但是微气候环境会影响使用者数量、活动类型、活动时间等。在评价因素集各项因素权重的计算，其中自然环境层面微气候的权重为0.04，在各项因素中权重较高，因此对于评价下沉广场的微气候对于建成环境舒适度营造有着重要的参考意义。

4.7.1 奥林匹克公园下沉广场建成环境微气候模拟分析

（1）基础数据和模型建立

现场实测是数值研究的传统手段，但是现场实测方法只能得到有限的数据，难以全面地了解到室外微气候的全面情况，利用ENVI-met软件，结合现场的实测数据进行下沉广场的室外微气候环境模拟，可以较为全面地进行分析研究。

对小气候测试选择在2019年4月6日、8月8日、11月17日、2020年1月4日。选取时间皆为周末或假期，使用人群相对集中，采样丰富，因此使用者主观感受的总结具有一定的代表性。具体数据从9:00连续采集至18:00，数据间隔时间为1小时，数据采集时保持手持气象站的高度距离地面为1.5m。根据下沉广场的特点，每个庭院分别选取两个测试点用于数据采集。

软件模拟区为奥林匹克森林公园下沉广场及周边建筑（经纬度：116°40′E，39°91′N），利用ENVI-met软件建立模拟模型。1号庭院研究区域长宽高为192m×192m×20m，模型共设置96×96×20个网格，格点大小d_x=2m、d_y=2m、d_z=1m。2号庭院研究区域长宽高为96m×98m×20m，模型共设置48×49×10个网格，格点大小d_x=2m、d_y=2m、d_z=1m。3号庭院研究区域长宽高为98m×72m×20m，模型共设置36×49×20个网格，格点大小d_x=2m、d_y=2m、d_z=1m。4号庭院研究区域长宽高为84m×96m×20m，模型共设置42×48×10个网格，格点大

小 d_x=2m、d_y=2m、d_z=1m。

软件模拟春季小气候初始数据设置为2019年4月6日当天宏观气候环境下的天气数值，初始温度设置为17℃，初始相对湿度设置为18%，软件模拟夏季小气候初始数据设置为2019年8月8日当日天气数值，初始温度为28℃，初始相对湿度36%。软件模拟秋季小气候初始数据设置为2019年11月17日当日天气数值，初始温度为6℃，初始相对湿度20%。软件模拟冬季小气候初始数据设置为2020年1月4日当日天气数值，初始温度为-4℃，初始相对湿度25%。匹配数据测试时间均设置为当日9:00至18:00，模拟共计9个小时。模型粗糙程度长度设置为0.1，为系统默认值，选用沙土材质作为模型建筑区域下垫面材质，建筑立面材质为系统默认材质，地砖选用硬质铺装灰色地砖。

（2）实测与模拟数据的拟合分析

在实测及模拟数据之后，为了准确衡量模拟数据的精准度，对两组数据进行拟合分析时，通过计算均方根误差（$RMSE$）和平均绝对百分误差（$MAPE$）来衡量模拟值和实测值之间的拟合程度。

通过拟合计算发现实测值与模拟值吻合较好（图4-14），图中所示实测值曲线与模拟值曲线基本吻合，由图可见，春季温度的 $RMSE$ 的值为0.81℃，湿度的 $RMSE$ 值为1.8%，温度 $MAPE$ 值为0.03%，湿度 $MAPE$ 值为0.09%。夏季温度的 $RMSE$ 的值为1.8℃，湿度的 $RMSE$ 值为1.3%，温度 $MAPE$ 值为0.05%，湿度 $MAPE$ 值为0.03%。秋季温度的 $RMSE$ 的值为0.6℃，湿度的 $RMSE$ 值为1.8%，温度 $MAPE$ 值为0.05℃，湿度 $MAPE$ 值为0.05%。冬季温度的 $RMSE$ 的值为0.14℃，湿度的 $RMSE$ 值为1.6%，温度 $MAPE$ 值为0.09℃，湿度 $MAPE$ 值为0.06%表明实测值与模拟值之间拟合程度较好，误差在允许范围内，说明该模型能很好地反映实际情况。

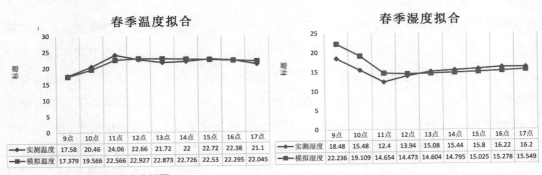

图4-14　实测模拟数据拟合分析图

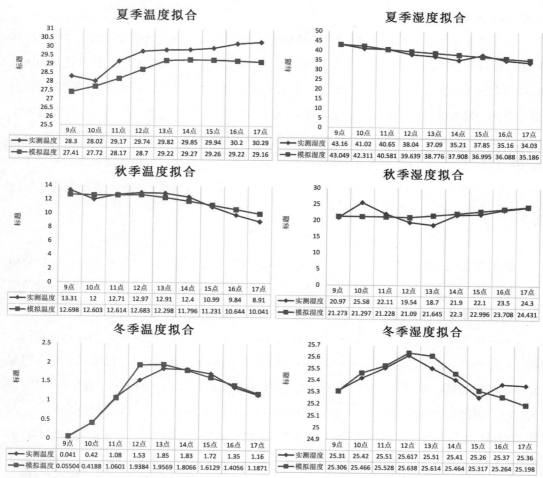

夏季温度拟合

	9点	10点	11点	12点	13点	14点	15点	16点	17点
◆实测温度	28.3	28.02	29.17	29.74	29.82	29.85	29.94	30.2	30.29
■模拟温度	27.41	27.72	28.17	28.7	29.22	29.27	29.26	29.22	29.16

夏季湿度拟合

	9点	10点	11点	12点	13点	14点	15点	16点	17点
◆实测湿度	43.16	41.02	40.65	38.04	37.09	35.21	37.85	35.16	34.03
■模拟湿度	43.049	42.311	40.581	39.639	38.776	37.908	36.995	36.088	35.186

秋季温度拟合

	9点	10点	11点	12点	13点	14点	15点	16点	17点
◆实测温度	13.31	12	12.71	12.97	12.91	12.4	10.99	9.84	8.91
■模拟温度	12.698	12.603	12.614	12.683	12.298	11.796	11.231	10.644	10.041

秋季湿度拟合

	9点	10点	11点	12点	13点	14点	15点	16点	17点
◆实测湿度	20.97	25.58	22.11	19.54	18.7	21.9	22.1	23.5	24.3
■模拟湿度	21.273	21.297	21.228	21.09	21.645	22.3	22.996	23.708	24.431

冬季温度拟合

	9点	10点	11点	12点	13点	14点	15点	16点	17点
◆实测温度	0.041	0.42	1.08	1.53	1.85	1.83	1.72	1.35	1.16
■模拟温度	0.05504	0.4188	1.0601	1.9384	1.9569	1.8066	1.6129	1.4056	1.1871

冬季湿度拟合

	9点	10点	11点	12点	13点	14点	15点	16点	17点
◆实测湿度	25.31	25.42	25.51	25.617	25.51	25.41	25.26	25.37	25.36
■模拟湿度	25.306	25.466	25.528	25.638	25.614	25.464	25.317	25.264	25.198

图4-14　实测模拟数据拟合分析图（续）

（3）温度模拟结果

经过软件模拟计算，奥林匹克公园下沉广场四季温度变化如图4-15所示，春季广场处的平均温度在21.79℃左右，冠下空间平均温度为21.15℃，建筑物廊道下区域内温度较低，平均温度20.84℃；夏季广场处的平均温度最高在29.19℃左右，冠下空间平均温度为28.17℃，建筑物廊道下区域内温度较低，平均温度27.79℃；秋季广场处的平均温度最高在12.05℃左右，冠下空间平均温度为11.47℃，建筑物廊道下区域内温度较低，平均温度10.44℃；广场处的平均温度最高在1.58℃左右，冠下空间平均温度为1.18℃，建筑物廊道下区域内温度较低，平均温度在0.31℃。

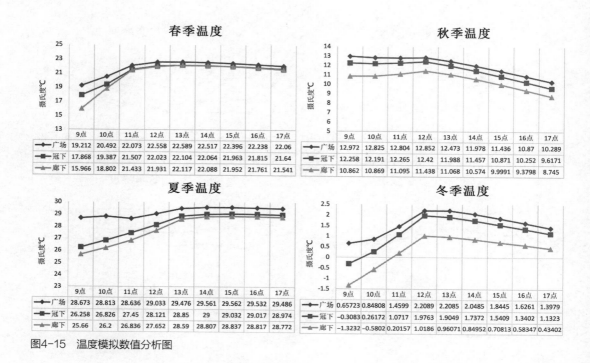

图4-15　温度模拟数值分析图

　　总的分析来看，9:00至17:00温度变化排序为：无遮阴广场＞冠下空间＞廊下空间，无遮阴广场的温度比冠下空间温度高0.5℃～1℃，廊下空间比无遮阴广场区域温差有1℃～2℃，可见建筑物廊道形成的室外阴影和树木形成的冠下空间相较于硬质铺装的广场区域可有效降低环境气温。

　　（4）湿度模拟结果

　　模拟计算结果如图4-16所示，经过分析发现，春季广场处的平均湿度在14.73%左右，冠下空间平均湿度为15.2%，建筑物廊道下区域平均湿度为16.05%；夏季广场处的平均湿度最高在38.1%左右，冠下空间平均湿度为40.13%，建筑物廊道下区域平均湿度为40.99%；秋季广场处的平均湿度最高22%左右，冠下空间平均湿度为23.17%，建筑物廊道下区域平均湿度为24.98%；冬季广场处的平均湿度最高在25%左右，冠下空间平均湿度为26.4%，建筑物廊道下区域平均湿度为28.41%。

　　总的分析来看，9:00～17:00湿度变化排序为：廊下空间＞冠下空间＞无遮阴广场空间，廊下空间受到建筑遮挡，且邻近树阵，能够有效保持空间内湿度，广场区域直接接受太阳辐射，水蒸气在广场内温度升高的同时被快速蒸发，说明建筑物廊道形成的室外阴影和树木形成的冠下空间相较于硬质铺装的广场区域增湿效果更佳。

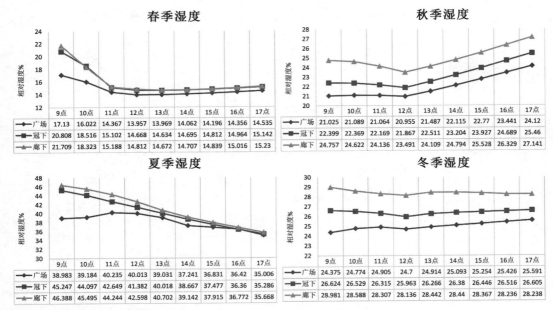

图4-16　湿度模拟数值分析图

（5）风速模拟结果

模拟计算结果如图4-17所示，春季广场处的平均风速在0.72m/s左右，冠下空间平均风速为0.64m/s，建筑物廊道下区域内风速较低，平均风速为0.32m/s；夏季广场处的平均风速最高在1.14m/s左右，冠下空间平均风速为0.97m/s，建筑物廊道下区域内风速较低，平均风速为0.39m/s；秋季广场处的平均风速最高在0.97m/s左右，冠下空间平均风速为0.83m/s，建筑物廊道下区域内风速较低，平均风速为0.63m/s；冬季广场处的平均风速最高在1.26m/s左右，冠下空间平均风速为1.05m/s，建筑物廊道下区域内风速较低，平均风速为0.74m/s。

总体分析来看，风速变化为广场区域＞冠下区域＞建筑物廊下区域。廊下空间平均风速最小，广场区域显著大于廊道及树阵区域，廊道和树阵具有很好的避风效果。

（6）PMV模拟结果分析

将人体各项参数设置为35岁，男性，身高170cm、体重75kg、行走速度设置为1.21m/s。以此为基本计算值进行模拟，模拟结果如图4-18所示。

春季在室外时的服装热阻值基本上在0.7～1.1clo之间[4]，其平均值为 0.8251clo，春季广场处的平均PMV值为–0.54，冠下空间平均PMV值为–0.64，建筑物廊道下区域内PMV值较低，平均PMV值在–0.82；夏季在室外，服装热阻值基本上在0.32～0.55clo之间，其平均值为0.4186clo，夏季广场处的平均PMV值最高在1.81左右，冠下空间平均PMV值为1.68，建

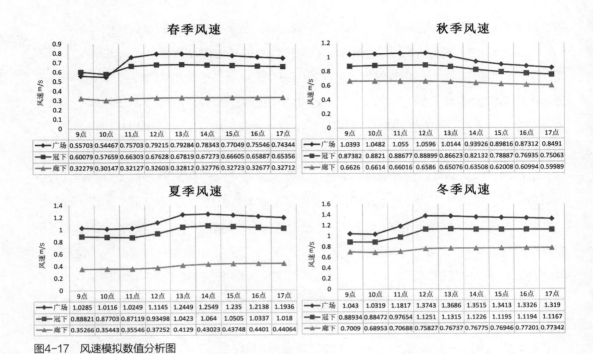

图4-17　风速模拟数值分析图

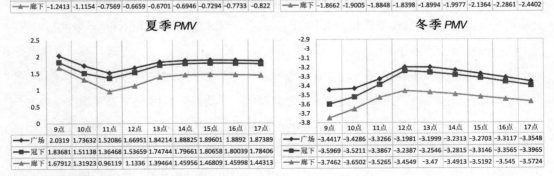

图4-18　PMV模拟数值分析图

筑物廊道下区域内PMV值较低，平均PMV值在1.36；秋季在室外时的服装热阻值基本上在0.6~1.3clo之间，其平均值为0.8974clo。秋季广场处的平均PMV值最高在-1.62左右，冠下空间平均PMV值为-1.74，建筑物廊道下区域内PMV值较低，平均PMV值在-2.02；冬季在室外，服装热阻值基本上在1.1~1.6clo之间，其平均值为1.3137clo；冬季广场处的平均PMV值最高在-3.3左右，冠下空间平均PMV值为-3.37，建筑物廊道下区域内PMV值较低，平均PMV值在-3.55。

根据PMV模拟结果分析，对应热舒适度评价等级可见，春季廊下空间为"凉爽"，冠下空间为"舒适偏凉"，广场为"舒适"；夏季廊下空间为"温暖"，冠下空间为"温暖偏热"，广场为"炎热"；秋季廊下空间为"寒冷"，冠下空间为"凉爽偏冷"，广场为"凉爽"；冬季廊下空间为"极冷"，冠下空间为"十分冷"，广场为"冷"。由此可见在春秋两季建筑形成的廊道下和树阵形成的冠下空间较为凉爽，广场区域比较舒适，夏季炎热时段广场空间较为炎热，廊下空间和冠下空间比无遮蔽广场更为舒适。冬季下沉广场整体偏冷，此时无遮蔽的广场区域比廊下空间和冠下空间更为温暖。

4.7.2 蓝色港湾下沉广场建成环境微气候模拟分析

（1）基础数据和模型建立

对小气候测试条件的选择与奥林匹克公园下沉广场一致。具体数据从早9点连续采集至18点，数据间隔时间为1小时，数据采集时保持空气PMV值和相对湿度传感器的高度为1.5m。下沉广场内选取两个测试点用于数据采集。

软件模拟和模型构建与奥林匹克公园下沉广场基本保持一致。以蓝色港湾下沉广场及周边建筑为研究区（经纬度:116°40′E，39°91′N），利用ENVI-met软件建立研究区的模拟模型。在构建模型时，考虑到在该区域内有较大面积湖面，故在模拟计算时，将下沉广场周边范围的地面环境和临水环境一并纳入模拟范围。经计算均方根误差（$RMSE$）和平均绝对百分误差（$MAPE$）来衡量模拟值和实测值之间的拟合程度，证实模型能很好地反映实际情况。

（2）温度模拟结果分析

模拟计算结果如图4-19所示，春季广场处的平均温度在21.37℃左右，建筑区域的街巷空间平均温度为20.22℃，北岸水边区域内温度较低，平均温度为18.45℃；夏季广场处的平均温度最高在28.86℃左右，建筑区域的街巷空间平均温度为27.59℃，北岸水边区域内温度较低，平均温度为27.22℃；秋季广场处的平均温度最高在11.03℃左右，建筑区域的街巷空间平均温度为10.52℃，北岸水边区域内温度较低，平均温度为9.41℃；冬季广场处的平均温度最高在-0.05℃左右，建筑区域的街巷空间平均温度为-0.2℃，北岸水边区域内温度较低，平均温度为-0.24℃。

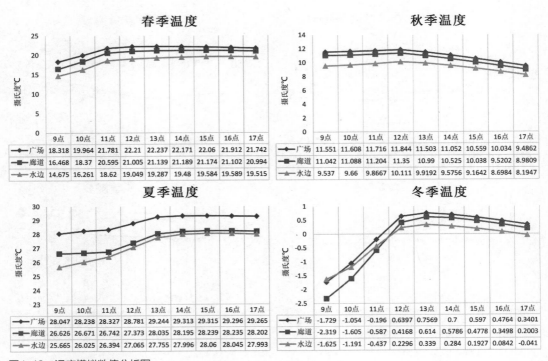

图4-19　温度模拟数值分析图

　　总的分析来看，温度变化排序为：无遮阴广场＞建筑街巷空间＞北岸水边空间，无遮阴广场的温度比建筑街巷空间温度高0.5℃～1℃，廊下空间比无遮阴广场区域温差约有1℃～2℃，可见建筑物廊道形成的室外阴影和树木影响下的建筑街巷空间相较于硬质铺装的广场区域可有效降低环境气温。

　　（3）湿度模拟结果分析

　　模拟计算结果如图4-20所示，春季广场处的平均湿度在15.49%左右，建筑街巷空间平均湿度为16.85%，北岸水边区域内湿度较低，平均湿度为18.79%；夏季广场处的平均湿度最高在39.91%左右，建筑街巷空间平均湿度为43.16%，北岸水边区域内湿度较低，平均湿度为45.99%；秋季广场处的平均湿度最高在23.28%左右，建筑街巷空间平均湿度为24.25%，北岸水边区域内湿度较低，平均湿度为27.52%；冬季广场处的平均湿度最高在26.59%左右，建筑街巷空间平均湿度为27.32%，北岸水边区域内湿度较低，平均湿度为27.59%。

　　总的分析来看，湿度变化排序为：北岸水边空间＞建筑街巷空间＞无遮阴广场，无遮阴广场的湿度比活力城区域建筑街巷空间湿度高1%～3%，廊下空间比无遮阴广场区域相差有1%～4%，可见建筑街巷空间相较于硬质铺装的广场区域增湿效果更佳。

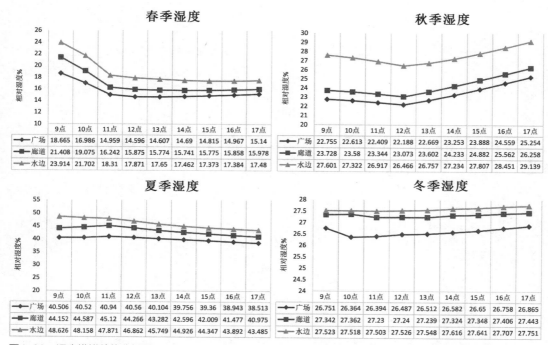

图4-20 湿度模拟数值分析图

（4）风速模拟结果分析

模拟计算结果如图4-21所示，每天不同时刻春季广场处的平均风速在0.7m/s左右，建筑街巷空间平均风速为0.43m/s，北岸水边区域内平均风速为0.22m/s；夏季广场处的平均风速最高在1.4m/s左右，建筑街巷空间最高为0.97m/s，北岸水边区域平均风速最高为0.5m/s；秋季广场处的平均风速最高在0.8m/s左右，建筑街巷空间平均风速最高为0.5m/s左右，北岸水边区域平均风速最高为0.42m/s；冬季广场处的平均风速最高在0.78m/s左右，建筑街巷空间平均风速为0.46m/s，北岸水边区域内风速较低，平均风速最高在0.26m/s。

总的分析来看风速变化排序为：无遮阴广场＞建筑街巷空间＞北岸水边空间，街巷空间和北岸水边空间风速接近，主要是由于建筑的布局相对围合，一定程度上阻挡了风的流动，但下沉广场开口方向有利于形成风的流动。

（5）PMV模拟结果分析

模拟结果如图4-22所示，春季在室外时的服装热阻值基本上在0.7～1.1clo之间，其平均值为0.8251clo，广场处的平均PMV值为-0.55，建筑街巷空间平均PMV值为-1.32，北岸水边区域内PMV值较低，平均值为-1.73；夏季在室外，服装热阻值基本上在0.32～0.55clo之间，其平均值为0.4186clo，广场处的平均PMV值最高在2.16左右，建筑街巷空间平均PMV值

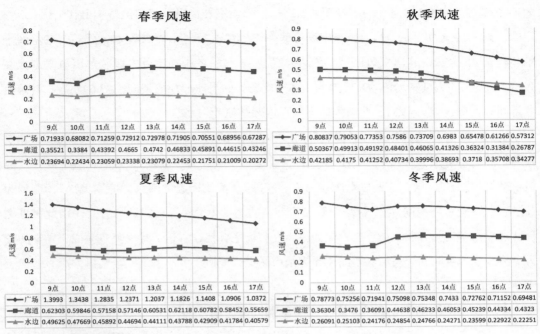

图4-21　风速模拟数值分析图

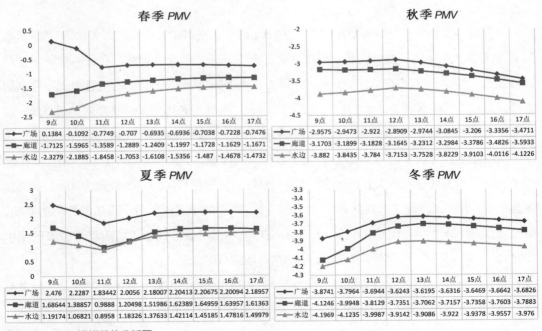

图4-22　PMV模拟数值分析图

为1.45，北岸水边区域内平均PMV值为1.25；秋季在室外，服装热阻值基本上在0.6～1.3clo之间，其平均值为0.8974clo，秋季广场处的平均PMV值最高在-3.08左右，建筑街巷空间平均PMV值为-3.29，北岸水边区域平均PMV值为-3.87；冬季在室外，服装热阻值基本上在1.1～1.6clo之间，其平均值为1.3137clo，冬季广场处的平均PMV值最高在-3.69左右，建筑街巷空间平均PMV值为-3.81，北岸水边区域平均PMV值为-3.99。

根据PMV模拟结果分析，对应热舒适度评价等级可见，春季水岸空间为"凉爽"，建筑街巷空间为"舒适偏凉"，广场为"舒适"；夏季水岸空间为"温暖"，建筑街巷空间为"温暖偏热"，广场为"热"；秋季水岸空间为"寒冷"，建筑街巷空间为"凉爽偏冷"，广场为"凉爽"；冬季水岸空间为"极冷"，建筑街巷空间为"十分冷"，广场为"冷"。由此可见在春秋两季水岸空间和建筑街巷空间较为凉爽，广场区域比较舒适，夏季炎热时段广场空间较为炎热，水岸空间和建筑街巷空间比无遮蔽广场更为舒适。冬季下沉广场整体偏冷，但优于街巷区域的水岸空间。

4.7.3 下沉深度对建成环境微气候影响模拟分析

对于影响下沉广场建成环境的微气候因素中，下沉深度的变化会直接影响整体的微气候数值，同时也对使用者主观心理感受有影响作用，从而影响舒适度的评价。本节以上述的奥林匹克公园下沉广场中的一个庭院为例，改变下沉深度变量，模拟其建成环境的微气候数值变化。

当界面高度等于人与界面距离的1/3（1∶3）时，水平视线与界面上沿夹角为18°，基本没有封闭感，广场使用者可以看到的侧立面部分小于天空的部分，整个广场的空间感觉非常开放，广场围合感很弱；当界面高度等于人与界面距离的1/2，是人的注意力开始涣散的界限，是创造封闭感的低限；当比例为1∶1.5时，广场使用者可以看到整个侧立面以及一部分天空，整个广场空间整体感较好；当比例为1∶1时，水平视线与界面上沿夹角为45°，大于向前的正常视野的最大角30°，因此具有较强的封闭感，如果比例低于1∶1，由于封闭感过于强烈，广场就会形成天井的感觉[17][18]。奥林匹克公园3号院的广场宽度为30m，最大深度为10m，界面高度等于人与界面距离的1∶1.5，为研究下沉深度对下沉广场深度的影响，模拟选取5m（1∶3）、10m（1∶1.5）、15m（1∶1）三个数据样本进行无植被方案的模拟（图4-23），并将三个不同深度的方案形成的微气候进行对比。

模拟日期与上文模拟数值选取同样时间，为2019年4月6日9:00至13:00，其他基本模型参数和条件与上文中的模拟选择同样的数据。经模拟计算5m、10m、15m三个不同下沉深度，得出各项参数的对比图（图4-24）。

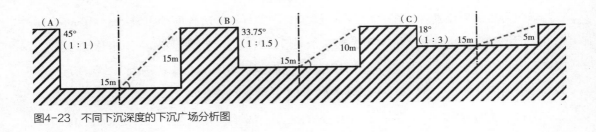

图4-23　不同下沉深度的下沉广场分析图

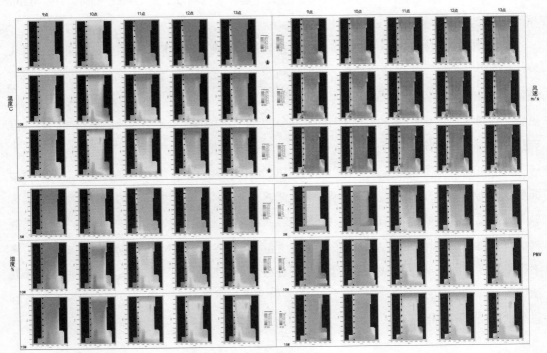

图4-24　不同下沉深度的温度、湿度、风速、PMV模拟结果图

　　通过温度对比能够发现，随着下沉深度的递减，广场内的温度也随之升高，在9:00至14:00时尤为明显。5m样本于9点时已经达到22℃左右，15m样本此时约有17℃。在阴影区域，从8:00至12:00，5m样本升温速度为2.39℃/h，10m样本升温速度为2.28℃/h，15m样本升温速度为2.21℃/h，随着样本深度变大，升温斜率逐渐变小，5m与10m样本之间差距最为明显，10m与15m样本之间斜率差距变小。由此可见，广场的深度越深，越能够遮挡太阳辐射，在炎热时段能够有效降低周围温度，并且能够看出在北京春季时期，10m深度的广场较5m更为凉爽，较15m则更为经济。

通过湿度的对比发现，在9:00至18:00之间，三个样本相对湿度排序为15m＞10m＞5m。与5m广场相比，10m增幅为0.8%~3.2%，15m增幅为2.1%~5.6%，5m广场相对较为空旷，遮阴较少，有利于空气的对流，使得周围湿度下降较快，10m及15m广场由于遮阴所形成的较为稳定的内部环境，可以保持较高的环境湿度，增湿效果更加明显。

通过风速的对比可见，在靠近东侧建筑的区域，5m样本风速最大，为1.71m/s，10m样本为1.68m/s，15m样本风速最小，为1.47m/s。从整体区域来看，5m样本较15m样本风速平均高出0.5m/s左右，10m样本居中。由此可见，随着广场深度的增加，风速随之减弱，10m与15m深的广场较5m具有更良好的避风作用。

PMV值的对比可以看出5m广场的PMV指数最高，平均在0.8~1.2左右，热感觉评价为舒适偏微热，15m广场PMV值最低，平均为-0.7~-0.2之间，热感觉评价为偏凉，人体具有轻微冷热应激体验，其中10m广场内PMV值平均为-0.8~0.6之间，接近于0的区域占比较大，热感觉评价为舒适偏微凉，相较于5m和15m深度的下沉广场，10m深度的广场整体热舒适度评价较好，人体感觉更为舒适。

由此可见，下沉深度是影响遮阴率和通风状况的直接因素，随着深度的增加形成的阴影面积也会随之增加，遮阴、降温效果显著，能够有效遮挡太阳辐射带来的不舒适感，阴影区域是人体感觉舒适的避暑空间。利用下沉能够人为增加遮阴空间，在炎热的时段为活动人群提供更多舒适的休闲空间。通过研究发现，5m深度样本接受太阳直射的面积较另外两个样本要更大，因此广场内部的温度也较高，整体感觉舒适偏微热，15m深度的样本整体感觉舒适微凉，10m深度的下沉广场在北京4月春季时节人体感觉最为舒适，能够在春季的炎热时段起到适当遮阴的作用。

4.8 小结

下沉广场一般都具有结合城市地上、地下公共空间和地下交通于一体的特征，其地上、地下空间一体化的特征使其成为具有独特空间特质的建成环境，故而给使用者提供了富于特色的使用体验。因此根据上述的研究结果总结，在此类建成环境的舒适度评价和营造上可以总结为以下几个方面。

（1）地上、地下缓冲空间可以有效地把在地面人流引导至下沉广场的边缘地带驻足、观望和停留，将地面游人的视线引导至下沉广场，增加下沉广场的使用效率。例如在奥林匹克公园下沉广场，在下沉广场西侧边界的区域，将其地面下沉一米左右，这样便在地面和下沉广场之间形成了很好的缓冲空间。例如蓝色港湾下沉广场，贯穿室内外并串联起所有商业板块的"8"字形动线串联起整个区域，用不同层级的缓冲空间将广场内的各个区域串联起来，既丰富了使用者的视线，也带来了体验的乐趣。

（2）不同高度的平台丰富了下沉广场的空间效果、空间节奏和韵律。例如奥林匹克公园下沉广场使用高处的廊桥，既起到引导方向的作用，又形成了空间的过渡。

（3）下沉广场的竖向交通空间，自动扶梯、步行楼梯是影响舒适度的重要因素。例如，奥林匹克公园下沉广场的竖向交通均结合响鼓、编钟、廊架等景观设施布置，既保证了人流疏散的功能需求，也是空间构成和空间划分的重要元素，活跃了下沉广场的气氛。

（4）下沉广场内的无障碍设施要充分，不仅符合无障碍设计的要求，更要体现使用便利。例如奥林匹克公园下沉广场1号院内，结合大台阶布置坡道，2、3号院结合廊桥设置电梯通向下沉广场，无障碍设施均在出入口的附近，并且自动扶梯的上下两端均具有停留回转的空间和轮椅标志，保证残障人士不会有被任何空间排除在外的感觉，能够和常人一样顺利地进入下沉广场游玩观赏。例如蓝色港湾下沉广场，内部的无障碍坡道设计比传统的阶梯更具有趣味性，不同于常见的狭窄刻板的无障碍坡道的设计，在满足安全性的基础上丰富了景观层次。为使用者提供了更为休闲的漫步方式，除了残疾人外，下沉广场其他的使用者在楼梯和坡道中也多选择坡道。

（5）植物、水景等景观设施是提升环境吸引力的重要途径之一。例如，蓝色港湾选用的植物种类众多、配置层次灵活丰富，下沉广场内的植物景观在一年四季都呈现出多种观赏效果交织并存的状态。其水景设施也非常丰富，形成了众多以水为中心的休憩空间，使下沉广场在景观上呈现出丰富的层次，在气候炎热的季节为下沉广场降温增湿，很好地营造了舒适度。

（6）微气候的舒适度直接影响使用者的感受。通过对于奥林匹克公园下沉广场微气候的模拟分析发现，建筑物廊道形成的室外阴影和树木形成的冠下空间相较于硬质铺装的广场区域可有效降低环境气温、增加湿度、降低风速，在夏季炎热时节能够有效提升人体舒适度。春秋两季建筑形成的廊道下和树阵形成的冠下空间较为凉爽，广场区域比较舒适，夏季炎热时段广场空间较为炎热，廊下空间和冠下空间比无遮蔽广场更为舒适。冬季下沉广场整体偏冷，此时，无遮蔽的广场区域比廊下空间和冠下空间更为温暖。通过对于蓝色港湾下沉广场微气候的模拟分析发现，建筑物廊道形成的室外阴影和树木形成的，高宽比为1：1至1：2的建筑街巷空间相较于硬质铺装的广场区域更有效降低环境气温、增加湿度、降低风速，这些区域在夏季炎热时节能够有效提升人体舒适度，春秋两季水岸空间和建筑街巷空间较为凉爽，广场区域比较舒适，夏季炎热时段广场空间较为炎热，水岸空间和建筑街巷空间比无遮蔽广场更为舒适。冬季下沉广场整体偏冷，但此时无遮蔽的广场区域比水岸空间和建筑街巷空间更为温暖。

第5章 总结与展望

本书围绕建成环境舒适度进行分析与研究，选取了住区、下沉广场两类具有代表性的建成环境作为主要研究对象，并选取了北京市的部分典型案例，从舒适度评价体系的构建、影响因素以及微气候模拟数值分析的角度，采用了调研访谈、实测、模拟等方法进行了较为详细的分析研究，在此基础上可以得出一定的舒适度营造策略。

（1）整体性设计策略

提供使用者的公共空间首先要有清晰的定位，也就是要从更加宏观的层面把握整体性。住区内的公共空间应依据我国现行《居住区规划设计规范》等相关法律规范，明确功能定位；明确局部空间在整体住区中的位置、从属关系等层级定位等。对于商业休闲型下沉广场，首要清晰其是城市商业用地中重要的组成部分，以及其所处在城市中的区位等问题。要确定公共空间和城市的关系。研究决定人们是否愿意进入公共空间的因素；研究外围交通组织使用者的动线。另外城市以及区域的历史文化也是整体性设计的前提之一。景观设计需要与周围城市环境共同考虑，例如传统文化、地域风貌等。景观环境的设计需要形成休憩场所和宜人的视觉效果，并追求内在的精神和风韵并与地面的景观形成一定呼应，设计时均应从整体环境出发，在相应的空间中布置适当的景观设施，使得整体景观环境相互协调。

（2）人性化设计策略

人性化是比较宽泛而普遍的原则，但是，对于公共空间的设计，必是不可忽视的内容。空间环境的设计会与人的行为心理活动产生相互作用，舒适环境能够吸引使用者长时间的使用停留。公共空间设计多具有不可逆性，因此在进行设计时更应该做到尽可能多地考虑人的行为和心理的需求，以使用者的基本需求为出发点，使环境更好地服务于使用者。适宜的空间尺度、舒适的休憩空间、充足的无障碍设施等方面，均要尽可能多地考虑人的心理和行为需求，体现人性化原则，提升使用者的舒适度。适宜的比例关系能够做到既要有空间围合感，又不能使人产生压抑感；结合植物、景观设施等布置适宜的休息设施，为使用者提供安全舒适的休憩空间；在高差丰富的空间内部需要考虑设计多处无障碍通道以满足通行需求。

景观小品设施主要包括廊架、花坛、水池、灯具、雕塑等，景观小品设施对环境使用具有实用价值和精神功能。例如，作为附属于商业建筑的室外公共空间，使用者长时间的购物游玩而产生疲惫感，休憩场所、座椅、构架等满足使用者的休息需求，花坛、雕塑、喷泉等可以满足景观需要。又如，在城市雕塑中加入一些为人熟知的元素，会为使用者带来亲切感、归宿感并得到一定的共鸣。

（3）可持续设计策略

可持续设计是指两个方面，其一是社会文化层面长时间保持空间活力和持久性，其二是景观技术层面生态绿色。营造浓厚的文化氛围、持续的景观效果、合理利用绿色植物，既改善空间的整体环境，又能满足持续不断地更新与利用。在社会文化层面，文化氛围是一个开放空间能够长时间保持空间活力与吸引力的途径之一；交往空间是使用者开展社会性活动最频繁的空间。交往空间在满足居民交流活动的同时，需要提供居民休息、观赏等其他功能。在景观技术层面，由于同一植物在不同季节、地区会产生不同的效果，可以考虑植物的不同配置，能够在不同季节为使用者提供持久的景观效果。选取多种花果植物，呈现出不同的季相色彩，能够在一年中为使用者持续提供丰富的视觉景观效果也可以来保持空间的活力和对于使用者的持续吸引力。

（4）微气候适宜策略

北方城市冬季寒冷、多风雪，夏季有时又比较炎热，微气候对于公共空间的环境质量及人的行为活动影响很大。注重不同季节下使用者在公共空间活动的需要，基于气候条件，从使用者的热舒适度入手，才可能营造出舒适度高的使用空间。良好的微气候可以延长使用者在户外环境活动的时间，从而提高空间使用率。例如，树木能够在遮蔽光线和强风的同时，结合休息座椅形成适于休憩的小空间。又如，水景设置能够有效调节微气候，提高人体舒适度，提升空间体验。

一般而言，空间界面建筑的阴影区域、滨水空间以及树木形成的冠下空间相较于硬质铺装的广场区域可有效降低环境气温、增加湿度、降低风速，能够有效提升人体舒适度。植物应多选取羽状叶或半开敞的落叶乔木，夏季枝叶葱茏能够为在下方的使用者遮蔽光线，冬季树木落叶后也能够保证充足的光线，并削减风速。改善微气候、提高户外人体的热舒适度，创造出更宜人的公共空间。

本书主要是基于部分典型实例进行研究与分析，主要针对的是住区建成环境和下沉广场建成环境，从范围上还有更加扩大的空间。本书作为建成环境舒适度研究的第一阶段的成果，仍有以下问题需要后续再深入的研究。

①本书虽然对住区和下沉广场两大类建成环境进行了研究分析，这两类也具有一定的代表性，但毕竟建成环境的范畴更为宽泛，层级更加丰富。今后可以更加全面地分层级进一步

开展研究工作。

②在数据测量时，使用的是YRM-GPS3手持气象检测仪，气象、环境监测的功能是实时显示各传感器的瞬时数值，其自动测量时间间隔为1分钟。测试前按要求进行了仪器校准，测试方法符合操作规程，测试数据在误差允许范围内。但是，选择测点和实测时间主要依赖于研究人员调研和前期分析总结的结果，难免有不尽全面的不足。今后如有可能尽量应在研究对象处设置长期自动测试的仪器，可以获得更多的全年数据资料，获取更深入研究的基础资料。

③模拟软件虽尽可能地构建了与真实情况贴近的计算模型，但是例如植物枝冠、建筑边界纹理等细节在模型中还未体现，因此，模拟结果还可以在今后的研究中更加精确。

建成环境舒适度的营造决定了其利用率，决定了使用者的选择，也决定了城市公共空间的品质。因此，具有良好舒适度的建成环境才是城市公共空间建设的目标，才能更好地创造宜人舒适的城市生活。

附录1 主要调研住区的基本情况

小区名称：雍景天成
建设年代：2005年
绿化率：35%
建筑面积：67300m²
容积率：1.41
总户数：376户
停车位：150个
布局形式：行列式

小区名称：雍景四季
建设年代：2009年
绿化率：38%
建筑面积：380000m²
容积率：2.71
总户数：1000户
停车位：300个
布局形式：行列式、点群式

小区名称：璟公院
建设年代：2012年
绿化率：30%
建筑面积：250000m²

容积率：1.3
总户数：524户
停车位：524个
布局形式：围合式、点群式

小区名称：璟公馆
建设年代：2015年
绿化率：30%
建筑面积：250000m²

容积率：1.4
总户数：577户
停车位：860个
布局形式：点群式

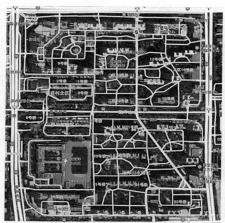

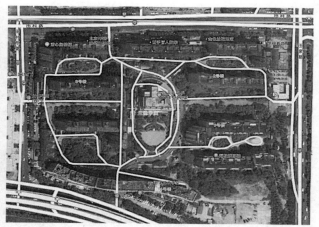

小区名称：远洋山水　　　容积率：4
年代：2006年　　　　　　总户数：13500户
绿化率：30%　　　　　　布局形式：围合
建筑面积：1300000m²　　式、行列式

小区名称：兰德华庭　　　容积率：2
年代：2006年　　　　　　总户数：1024户
绿化率：40%　　　　　　停车位：800个
建筑面积：210000m²　　　布局形式：围合式、行列式

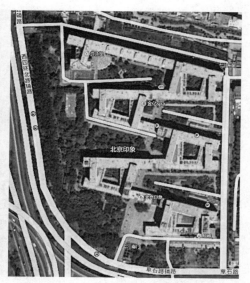

小区名称：乐府江南　　　容积率：2.1
建设年代：2006年　　　　总户数：1586户
绿化率：35%　　　　　　停车位：1586个
建筑面积：300000m²　　　布局形式：围合式、行列式

小区名称：北京印象　　　容积率：2.8
建设年代：2007年　　　　总户数：973户
绿化率：60%　　　　　　停车位：842个
建筑面积：130000m²　　　布局形式：围合式

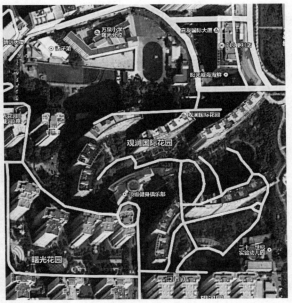

小区名称：美丽园　　容积率：0.95
建设年代：2006年　　总户数：1469户
绿化率：30%　　　　停车位：1500个
建筑面积：270000m²　布局形式：行列式

小区名称：观澜国际花园　　总户数：968户
建设年代：2009年　　　　停车位：地上150个、地下
绿化率：30%　　　　　　890个
建筑面积：170000m²　　布局形式：行列式、围合式
容积率：2.06

小区名称：知本时代
建设年代：2006年
绿化率：30%
建筑面积：210000m²
容积率：1.63
总户数：890户
停车位：地上100个、地下300个
布局形式：行列式

附录2　奥林匹克公园下沉广场模拟数据

春季模拟数据						
Date/ 冠下空间	Time	Wind Speed(m/s)	Potential Air Temperature(℃)	Relative Humidity(%)	PMV	T Cloths(℃)
06.04.2019	09.00.01	0.60079	17.868	20.808	−1.1238	22.589
06.04.2019	10.00.01	0.57659	19.387	18.516	−0.95435	23.12
06.04.2019	11.00.01	0.66303	21.507	15.102	−0.55394	24.429
06.04.2019	12.00.01	0.67628	22.023	14.668	−0.46471	24.72
06.04.2019	13.00.01	0.67819	22.104	14.634	−0.46559	24.716
06.04.2019	14.00.01	0.67273	22.064	14.695	−0.48934	24.637
06.04.2019	15.00.01	0.66605	21.963	14.812	−0.52469	24.521
06.04.2019	16.00.01	0.65887	21.815	14.964	−0.56916	24.375
06.04.2019	17.00.01	0.65356	21.64	15.142	−0.61846	24.213
Date/ 广场空间	Time	Wind Speed(m/s)	Potential Air Temperature(℃)	Relative Humidity(%)	PMV	T Cloths(℃)
06.04.2019	09.00.01	0.32279	19.212	17.13	−0.88187	23.37
06.04.2019	10.00.01	0.30147	20.492	16.022	−0.82891	23.533
06.04.2019	11.00.01	0.32127	22.073	14.367	−0.51046	24.582
06.04.2019	12.00.01	0.32603	22.558	13.957	−0.4091	24.912
06.04.2019	13.00.01	0.32812	22.589	13.969	−0.40334	24.93
06.04.2019	14.00.01	0.32776	22.517	14.062	−0.42143	24.87
06.04.2019	15.00.01	0.32723	22.396	14.196	−0.45157	24.77
06.04.2019	16.00.01	0.32677	22.238	14.356	−0.49061	24.642
06.04.2019	17.00.01	0.32712	22.06	14.535	−0.53454	24.498
Date/ 廊下空间	Time	Wind Speed(m/s)	Potential Air Temperature(℃)	Relative Humidity(%)	PMV	T Cloths(℃)
06.04.2019	09.00.01	0.55703	15.966	21.709	−1.2413	22.213
06.04.2019	10.00.01	0.54467	18.802	18.323	−1.1154	22.596
06.04.2019	11.00.01	0.75703	21.433	15.188	−0.75688	23.754
06.04.2019	12.00.01	0.79215	21.931	14.812	−0.66589	24.049
06.04.2019	13.00.01	0.79284	22.117	14.672	−0.67012	24.034
06.04.2019	14.00.01	0.78343	22.088	14.707	−0.69457	23.953
06.04.2019	15.00.01	0.77049	21.952	14.839	−0.72935	23.839
06.04.2019	16.00.01	0.75546	21.761	15.016	−0.77328	23.695
06.04.2019	17.00.01	0.74344	21.541	15.23	−0.82198	23.535

夏季模拟数据						
Date/ 冠下空间	Time	Wind Speed(m/s)	Potential Air Temperature(℃)	Relative Humidity(%)	PMV	T Cloths(℃)
15.08.2019	09.00.01	0.88821	26.258	45.247	0.33681	30.357
15.08.2019	10.00.01	0.87703	26.826	44.097	0.011381	29.864
15.08.2019	11.00.01	0.87119	27.45	42.649	−0.13532	29.64
15.08.2019	12.00.01	0.93498	28.121	41.382	0.036588	29.887
15.08.2019	13.00.01	1.0423	28.85	40.018	0.24744	30.192
15.08.2019	14.00.01	1.064	29	38.667	0.29661	30.275
15.08.2019	15.00.01	1.0505	29.032	37.477	0.30658	30.302
15.08.2019	16.00.01	1.0337	29.017	36.36	0.30039	30.306
15.08.2019	17.00.01	1.018	28.974	35.286	0.28406	30.294
Date/ 广场空间	Time	Wind Speed(m/s)	Potential Air Temperature(℃)	Relative Humidity(%)	PMV	T Cloths(℃)
15.08.2018	09.00.01	0.35266	28.673	38.983	2.0319	32.863
15.08.2018	10.00.01	0.35443	28.813	39.184	0.23632	30.189
15.08.2018	11.00.01	0.35546	28.636	40.235	0.020861	29.872
15.08.2018	12.00.01	0.37252	29.033	40.013	0.16951	30.087
15.08.2018	13.00.01	0.4129	29.476	39.633	0.34214	30.336
15.08.2018	14.00.01	0.43023	29.561	39.241	0.38825	30.413
15.08.2018	15.00.01	0.43748	29.562	38.831	0.39601	30.434
15.08.2018	16.00.01	0.4401	29.532	38.42	0.3892	30.435
15.08.2018	17.00.01	0.44064	29.486	38.006	0.37389	30.424
Date/ 廊下空间	Time	Wind Speed(m/s)	Potential Air Temperature(℃)	Relative Humidity(%)	PMV	T Cloths(℃)
15.08.2019	09.00.01	1.0285	25.66	46.388	0.17912	30.131
15.08.2019	10.00.01	1.0116	26.2	45.495	−0.18077	29.585
15.08.2019	11.00.01	1.0249	26.836	44.244	−0.53881	29.043
15.08.2019	12.00.01	1.1145	27.652	42.598	−0.3664	29.289
15.08.2019	13.00.01	1.2449	28.59	40.702	−0.10536	29.667
15.08.2019	14.00.01	1.2549	28.807	39.142	−0.040439	29.774
15.08.2019	15.00.01	1.235	28.837	37.915	−0.031908	29.799
15.08.2019	16.00.01	1.2138	28.817	36.772	−0.040017	29.8
15.08.2019	17.00.01	1.1936	28.772	35.668	−0.056867	29.788

秋季模拟数据						
Date/ 冠下空间	Time	Wind Speed(m/s)	Potential Air Temperature(℃)	Relative Humidity(%)	PMV	T Cloths(℃)
17.11.2019	09.00.01	0.87382	12.258	22.399	−2.5349	18.006
17.11.2019	10.00.01	0.8821	12.191	22.369	−2.5662	17.903
17.11.2019	11.00.01	0.88677	12.265	22.169	−2.5587	17.928
17.11.2019	12.00.01	0.88899	12.42	21.867	−2.5297	18.023
17.11.2019	13.00.01	0.86623	11.988	22.511	−2.6321	17.687
17.11.2019	14.00.01	0.82132	11.457	23.204	−2.7597	17.269
17.11.2019	15.00.01	0.78887	10.871	23.927	−2.9011	16.806
17.11.2019	16.00.01	0.76935	10.252	24.689	−3.051	16.316
17.11.2019	17.00.01	0.75063	9.6171	25.46	−3.2053	15.811
Date/ 广场空间	Time	Wind Speed(m/s)	Potential Air Temperature(℃)	Relative Humidity(%)	PMV	T Cloths(℃)
17.11.2019	09.00.01	0.6626	12.972	21.025	−2.3849	18.5
17.11.2019	10.00.01	0.6614	12.825	21.089	−2.4322	18.345
17.11.2019	11.00.01	0.66016	12.804	21.064	−2.4443	18.305
17.11.2019	12.00.01	0.6586	12.852	20.955	−2.4377	18.327
17.11.2019	13.00.01	0.65076	12.473	21.487	−2.5283	18.03
17.11.2019	14.00.01	0.63508	11.978	22.115	−2.6479	17.638
17.11.2019	15.00.01	0.62008	11.436	22.77	−2.7792	17.208
17.11.2019	16.00.01	0.60994	10.87	23.441	−2.9168	16.757
17.11.2019	17.00.01	0.59989	10.289	24.12	−3.0588	16.293
Date/ 廊下空间	Time	Wind Speed(m/s)	Potential Air Temperature(℃)	Relative Humidity(%)	PMV	T Cloths(℃)
17.11.2019	09.00.01	1.0393	10.862	24.757	−2.8662	16.917
17.11.2019	10.00.01	1.0482	10.869	24.622	−2.9005	16.8
17.11.2019	11.00.01	1.055	11.095	24.136	−2.8848	16.852
17.11.2019	12.00.01	1.0596	11.438	23.491	−2.8398	16.999
17.11.2019	13.00.01	1.0144	11.068	24.109	−2.8994	16.805
17.11.2019	14.00.01	0.93926	10.574	24.794	−2.9977	16.484
17.11.2019	15.00.01	0.89816	9.9991	25.528	−3.1364	16.03
17.11.2019	16.00.01	0.87312	9.3798	26.329	−3.2861	15.541
17.11.2019	17.00.01	0.8491	8.745	27.141	−3.4402	15.038

冬季模拟数据						
Date/ 冠下空间	Time	Wind Speed(m/s)	Potential Air Temperature(℃)	Relative Humidity(%)	PMV	T Cloths(℃)
05.01.2020	09.00.01	0.88934	−0.3083	26.624	−3.5969	6.5003
05.01.2020	10.00.01	0.88472	0.26172	26.529	−3.5211	6.8481
05.01.2020	11.00.01	0.97654	1.0717	26.315	−3.3867	7.4719
05.01.2020	12.00.01	1.1251	1.9763	25.963	−3.2387	8.1555
05.01.2020	13.00.01	1.1315	1.9049	26.266	−3.2546	8.0815
05.01.2020	14.00.01	1.1226	1.7372	26.38	−3.2815	7.9499
05.01.2020	15.00.01	1.1195	1.5409	26.446	−3.3146	7.7865
05.01.2020	16.00.01	1.1194	1.3402	26.516	−3.3565	7.6072
05.01.2020	17.00.01	1.1167	1.1323	26.605	−3.3965	7.4204
Date/ 广场空间	Time	Wind Speed(m/s)	Potential Air Temperature(℃)	Relative Humidity(%)	PMV	T Cloths(℃)
05.01.2020	09.00.01	0.7009	0.65723	24.375	−3.4417	7.2312
05.01.2020	10.00.01	0.68953	0.84808	24.774	−3.4286	7.2857
05.01.2020	11.00.01	0.70688	1.4599	24.905	−3.3266	7.7575
05.01.2020	12.00.01	0.75827	2.2089	24.7	−3.1981	8.3548
05.01.2020	13.00.01	0.76737	2.2085	24.914	−3.1999	8.3443
05.01.2020	14.00.01	0.76775	2.0485	25.093	−3.2313	8.1972
05.01.2020	15.00.01	0.76946	1.8445	25.254	−3.2703	8.0144
05.01.2020	16.00.01	0.77201	1.6261	25.426	−3.3117	7.8204
05.01.2020	17.00.01	0.77342	1.3979	25.591	−3.3548	7.619
Date/ 廊下空间	Time	Wind Speed(m/s)	Potential Air Temperature(℃)	Relative Humidity(%)	PMV	T Cloths(℃)
05.01.2020	09.00.01	1.043	−1.3232	28.981	−3.7462	5.8003
05.01.2020	10.00.01	1.0319	−0.58022	28.588	−3.6502	6.2412
05.01.2020	11.00.01	1.1817	0.20157	28.307	−3.5265	6.814
05.01.2020	12.00.01	1.3743	1.0186	28.136	−3.4549	7.1323
05.01.2020	13.00.01	1.3686	0.96071	28.442	−3.47	7.0597
05.01.2020	14.00.01	1.3515	0.84952	28.44	−3.4913	6.9606
05.01.2020	15.00.01	1.3413	0.70813	28.367	−3.5192	6.831
05.01.2020	16.00.01	1.3326	0.58347	28.236	−3.545	6.7111
05.01.2020	17.00.01	1.319	0.43402	28.238	−3.5724	6.5838

附录3 蓝色港湾下沉广场模拟数据

春季模拟数据						
Date/ 广场空间	Time	Wind Speed(m/s)	Potential Air Temperature(℃)	Relative Humidity(%)	PMV	T Cloths(℃)
07.04.2019	09.00.01	0.71933	18.318	18.665	0.1384	26.821
07.04.2019	10.00.01	0.68082	19.964	16.986	−0.10915	25.96
07.04.2019	11.00.01	0.71259	21.781	14.959	−0.77494	23.7
07.04.2019	12.00.01	0.72912	22.21	14.596	−0.70701	23.92
07.04.2019	13.00.01	0.72978	22.237	14.607	−0.69351	23.964
07.04.2019	14.00.01	0.71905	22.171	14.69	−0.69362	23.965
07.04.2019	15.00.01	0.70551	22.06	14.815	−0.7038	23.932
07.04.2019	16.00.01	0.68956	21.912	14.967	−0.72283	23.871
07.04.2019	17.00.01	0.67287	21.742	15.14	−0.74764	23.791
Date/ 廊道空间	Time	Wind Speed(m/s)	Potential Air Temperature(℃)	Relative Humidity(%)	PMV	T Cloths(℃)
07.04.2019	09.00.01	0.35521	16.468	21.408	−1.7125	20.658
07.04.2019	10.00.01	0.3384	18.37	19.075	−1.5965	21.016
07.04.2019	11.00.01	0.43392	20.595	16.242	−1.3589	21.782
07.04.2019	12.00.01	0.4665	21.005	15.875	−1.2889	22.01
07.04.2019	13.00.01	0.4742	21.139	15.774	−1.2409	22.167
07.04.2019	14.00.01	0.46833	21.189	15.741	−1.1997	22.302
07.04.2019	15.00.01	0.45891	21.174	15.775	−1.1728	22.389
07.04.2019	16.00.01	0.44615	21.102	15.858	−1.1629	22.422
07.04.2019	17.00.01	0.43246	20.994	15.978	−1.1671	22.407
Date/ 水边	Time	Wind Speed(m/s)	Potential Air Temperature(℃)	Relative Humidity(%)	PMV	T Cloths(℃)
07.04.2019	09.00.01	0.23694	14.675	23.914	−2.3279	18.631
07.04.2019	10.00.01	0.22434	16.261	21.702	−2.1885	19.072
07.04.2019	11.00.01	0.23059	18.62	18.31	−1.8458	20.189
07.04.2019	12.00.01	0.23338	19.049	17.871	−1.7053	20.647
07.04.2019	13.00.01	0.23079	19.287	17.65	−1.6108	20.956
07.04.2019	14.00.01	0.22453	19.48	17.462	−1.5356	21.201
07.04.2019	15.00.01	0.21751	19.584	17.373	−1.487	21.359
07.04.2019	16.00.01	0.21009	19.589	17.384	−1.4678	21.421
07.04.2019	17.00.01	0.20272	19.515	17.48	−1.4732	21.403

夏季模拟数据						
Date/ 广场空间	Time	Wind Speed(m/s)	Potential Air Temperature(℃)	Relative Humidity(%)	PMV	T Cloths(℃)
16.08.2018	09.00.01	1.3993	28.047	40.506	3.4676	35.011
16.08.2018	10.00.01	1.3438	28.238	40.52	0.2287	30.177
16.08.2018	11.00.01	1.2835	28.327	40.94	−0.16558	29.582
16.08.2018	12.00.01	1.2371	28.781	40.56	0.0056021	29.826
16.08.2018	13.00.01	1.2037	29.244	40.104	0.18007	30.075
16.08.2018	14.00.01	1.1826	29.313	39.756	0.20413	30.113
16.08.2018	15.00.01	1.1408	29.315	39.36	0.20675	30.121
16.08.2018	16.00.01	1.0906	29.296	38.943	0.20094	30.118
16.08.2018	17.00.01	1.0372	29.265	38.513	0.18957	30.107
Date/ 廊道空间	Time	Wind Speed(m/s)	Potential Air Temperature(℃)	Relative Humidity(%)	PMV	T Cloths(℃)
16.08.2018	09.00.01	0.62303	26.626	44.152	−0.31356	29.395
16.08.2018	10.00.01	0.59846	26.671	44.587	−0.61143	28.945
16.08.2018	11.00.01	0.57158	26.742	45.12	−1.0112	28.342
16.08.2018	12.00.01	0.57146	27.373	44.266	−0.81674	28.619
16.08.2018	13.00.01	0.60531	28.035	43.282	−0.62367	28.896
16.08.2018	14.00.01	0.62118	28.195	42.596	−0.57886	28.964
16.08.2018	15.00.01	0.60782	28.239	42.009	−0.54815	29.013
16.08.2018	16.00.01	0.58452	28.235	41.477	−0.52184	29.057
16.08.2018	17.00.01	0.55659	28.202	40.975	−0.50021	29.095
Date/ 水边	Time	Wind Speed(m/s)	Potential Air Temperature(℃)	Relative Humidity(%)	PMV	T Cloths(℃)
16.08.2018	09.00.01	0.49625	25.665	46.626	−0.80826	28.661
16.08.2018	10.00.01	0.47669	26.025	46.158	−0.93179	28.468
16.08.2018	11.00.01	0.45892	26.394	45.871	−1.1042	28.201
16.08.2018	12.00.01	0.44694	27.065	44.862	−0.79502	28.648
16.08.2018	13.00.01	0.44111	27.755	43.749	−0.48014	29.104
16.08.2018	14.00.01	0.43788	27.996	42.926	−0.37611	29.259
16.08.2018	15.00.01	0.42909	28.06	42.347	−0.35041	29.302
16.08.2018	16.00.01	0.41784	28.045	41.892	−0.36043	29.292
16.08.2018	17.00.01	0.40579	27.993	41.485	−0.38637	29.26

秋季模拟数据						
Date/ 广场空间	Time	Wind Speed(m/s)	Potential Air Temperature(℃)	Relative Humidity(%)	PMV	T Cloths(℃)
16.11.2018	09.00.01	0.80837	11.551	22.755	−2.9575	16.605
16.11.2018	10.00.01	0.79053	11.608	22.613	−2.9473	16.638
16.11.2018	11.00.01	0.77353	11.716	22.409	−2.922	16.722
16.11.2018	12.00.01	0.7586	11.844	22.188	−2.8909	16.824
16.11.2018	13.00.01	0.73709	11.503	22.669	−2.9744	16.55
16.11.2018	14.00.01	0.6983	11.052	23.253	−3.0845	16.19
16.11.2018	15.00.01	0.65478	10.559	23.888	−3.206	15.792
16.11.2018	16.00.01	0.61266	10.034	24.559	−3.3356	15.368
16.11.2018	17.00.01	0.57312	9.4862	25.254	−3.4711	14.925
Date/ 廊道空间	Time	Wind Speed(m/s)	Potential Air Temperature(℃)	Relative Humidity(%)	PMV	T Cloths(℃)
16.11.2018	09.00.01	0.50367	11.042	23.728	−3.1703	15.912
16.11.2018	10.00.01	0.49913	11.088	23.58	−3.1899	15.847
16.11.2018	11.00.01	0.49192	11.204	23.344	−3.1828	15.87
16.11.2018	12.00.01	0.48401	11.35	23.073	−3.1645	15.929
16.11.2018	13.00.01	0.46065	10.99	23.602	−3.2312	15.711
16.11.2018	14.00.01	0.41326	10.525	24.233	−3.2984	15.493
16.11.2018	15.00.01	0.36324	10.038	24.882	−3.3786	15.232
16.11.2018	16.00.01	0.31384	9.5202	25.562	−3.4826	14.892
16.11.2018	17.00.01	0.26787	8.9809	26.258	−3.5933	14.53
Date/ 水边	Time	Wind Speed(m/s)	Potential Air Temperature(℃)	Relative Humidity(%)	PMV	T Cloths(℃)
16.11.2018	09.00.01	0.42185	9.537	26.101	−3.882	13.55
16.11.2018	10.00.01	0.4175	9.66	25.822	−3.8435	13.676
16.11.2018	11.00.01	0.41252	9.8667	25.417	−3.784	13.871
16.11.2018	12.00.01	0.40734	10.111	24.966	−3.7153	14.096
16.11.2018	13.00.01	0.39996	9.9192	25.257	−3.7528	13.973
16.11.2018	14.00.01	0.38693	9.5756	25.734	−3.8229	13.743
16.11.2018	15.00.01	0.3718	9.1642	26.307	−3.9103	13.458
16.11.2018	16.00.01	0.35708	8.6984	26.951	−4.0116	13.128
16.11.2018	17.00.01	0.34277	8.1947	27.639	−4.1226	12.766

冬季模拟数据						
Date/ 广场空间	Time	Wind Speed(m/s)	Potential Air Temperature(℃)	Relative Humidity(%)	PMV	T Cloths(℃)
04.01.2020	09.00.01	0.78773	−2.3193	28.751	−4.1246	4.0041
04.01.2020	10.00.01	0.75256	−1.6048	28.164	−3.9948	4.6095
04.01.2020	11.00.01	0.71941	−0.58734	27.394	−3.8129	5.4587
04.01.2020	12.00.01	0.75098	0.4168	26.587	−3.6351	6.2883
04.01.2020	13.00.01	0.75348	0.61404	26.512	−3.6062	6.4218
04.01.2020	14.00.01	0.7433	0.57855	26.582	−3.6157	6.377
04.01.2020	15.00.01	0.72762	0.47784	26.65	−3.6358	6.2826
04.01.2020	16.00.01	0.71152	0.34976	26.758	−3.6603	6.1682
04.01.2020	17.00.01	0.69481	0.20033	26.865	−3.6883	6.0373
Date/ 廊道空间	Time	Wind Speed(m/s)	Potential Air Temperature(℃)	Relative Humidity(%)	PMV	T Cloths(℃)
04.01.2020	09.00.01	0.36304	−1.7287	27.523	−3.8741	5.1921
04.01.2020	10.00.01	0.3476	−1.0538	27.218	−3.7964	5.5511
04.01.2020	11.00.01	0.36091	−0.196	26.903	−3.6944	6.0222
04.01.2020	12.00.01	0.44638	0.63974	26.526	−3.6243	6.3379
04.01.2020	13.00.01	0.46233	0.75688	26.548	−3.6195	6.3568
04.01.2020	14.00.01	0.46053	0.70001	26.616	−3.6316	6.2995
04.01.2020	15.00.01	0.45239	0.59703	26.641	−3.6469	6.228
04.01.2020	16.00.01	0.44334	0.4764	26.707	−3.6642	6.1477
04.01.2020	17.00.01	0.4323	0.34007	26.751	−3.6826	6.0625
Date/ 水边	Time	Wind Speed(m/s)	Potential Air Temperature(℃)	Relative Humidity(%)	PMV	T Cloths(℃)
04.01.2020	09.00.01	0.26091	−1.6248	27.342	−4.1969	3.6408
04.01.2020	10.00.01	0.25103	−1.1913	27.42	−4.1235	3.9802
04.01.2020	11.00.01	0.24176	−0.43689	27.23	−3.9987	4.5591
04.01.2020	12.00.01	0.24854	0.22958	27.14	−3.9142	4.9468
04.01.2020	13.00.01	0.24766	0.339	27.239	−3.9086	4.9698
04.01.2020	14.00.01	0.24271	0.28398	27.324	−3.922	4.9066
04.01.2020	15.00.01	0.23599	0.19265	27.348	−3.9378	4.8326
04.01.2020	16.00.01	0.22922	0.084235	27.406	−3.9557	4.7491
04.01.2020	17.00.01	0.22251	−0.040957	27.443	−3.976	4.6551

参考文献

［1］Wikipedia. Environment. ［EB/OL］. ［2016. 12. 20］. http://en.wikipedia.org/wiki/Enviornment

［2］（丹麦）扬·盖尔. 交往与空间［M］. 何人可译. 北京：中国建筑工业出版社，1992.

［3］李昆仑. 层次分析法在城市道路景观评价中的运用［J］. 武汉大学学报（工学报），2005（2）：143–147.

［4］丁勇花. 基于人体热感觉的服装热舒适研究［D］. 西安：西安工程大学，2015.

［5］刘加平. 建筑物理（第四版）［M］. 北京：中国建筑工业出版社，2009.

［6］朱颖心. 建筑环境学［M］. 北京：中国建筑工业出版社，2010.

［7］陈睿智. 湿热地区旅游景区微气候舒适度研究［D］. 成都：西南交通大学，2013.

［8］秦文翠. 街区尺度上的城市微气候数值模拟研究［D］. 重庆：西南大学，2015.

［9］Chow,W,T,R L Pope, C A Martin, et al. Observing and modeling the nocturnal park cool island of and arid city: horizontal and vertical impacts[J]. Theoretical and Applied Climatology, 2011, 103(1–2):197–211.

［10］杨小山. 室外微气候对建筑空调能耗影响的模拟方法研究［D］. 广州：华南理工大学，2012.

［11］杨鑫，段佳佳. 微气候适应性城市——北京城市街区绿地格局优化方法［M］. 北京：中国建筑工业出版社，2017.

［12］马晓阳. 绿化对居住区室外热环境影响的数值模拟研究［D］. 哈尔滨：哈尔滨工业大学，2014.

［13］陈钺，种力文，张志利. ENVI-met软件对夏季室外热环境的模拟研究［A］. 中国城市科学研究会，中国绿色建筑与节能专业委员会，中国生态城市研究专业委员会. 第十一届国际绿色建筑与建筑节能大会暨新技术与产品博览会论文集——S15绿色校园［C］. 中国城市科学研究会，中国绿色建筑与节能专业委员会，中国生态城市研究专业委员会，2015.

［14］方宇龙. 室内热环境对人体热舒适的影响［J］. 居舍，2019（11）：175.

［15］吕律扬. 城市新区广场使用后评价［D］. 北京：北方工业大学，2018.

［16］邵韦平，刘宇光，陈淑慧. 从围合中突破——奥运中心区下沉花园［J］. 世界建筑，2008（06）：72–79.

［17］王文卿. 城市地下空间规划与设计［M］. 南京：东南大学出版社，2000.

［18］李晓倩. 西安城市广场形态的类型化基础研究［D］. 西安：西安建筑科技大学，2012.

后记

从城市建设的历史来看，人的建设行为都是对自然环境的人工化改造，使其变成建成环境。人们为自己的活动需求创造了建成环境，反过来，又根据自己的需求去挑选能达到舒适度要求的建成环境去开展活动。如果从设计、建设、使用的流程上来看，设计和使用应该不会产生矛盾，但有时事与愿违。这其中，核心的问题之一就是舒适度的营造。

本书的工作，正是希望从舒适度营造的角度来探讨建成环境，特别提出了容易被忽略的建成环境微气候问题。本书从建成环境舒适度评价体系建立、实例评价研究以及着重从微气候层面进行了分析研究。意在抛砖引玉，为从事建成环境研究和公共空间设计建设者们提供些许的建议与参考。

本书源于研究团队多年前针对住区公共空间的思索和微气候的测量，之后，一直围绕舒适度的问题不断开展工作。三年来的硕士研究生学位论文逐步形成了本书现有的研究成果，成为建成环境舒适度研究的初级阶段成果。在此基础上，今后也将更深入地开展研究，取得更进一步的研究成果。也期望借本书与更多建成环境研究者有更多的交流。

感谢贾东教授。本书的完成，得到了贾东教授的大力支持和督促。

感谢研究团队的其他成员：马伊萱、李小康、姜全成、王悠然、段涵、白浩永等同学。感谢江天际、屈艾琳、王杰、张丽娜、汤玮琦、张馨文、刘星辰、赵福荣、罗宇寒等同学实测部分数据。

感谢北方工业大学建筑与艺术学院的李婧老师、杨鑫老师、彭历老师对研究工作的帮助，感谢诸位同事们在本书写作过程中给予的支持和帮助。

感谢中国建筑工业出版社各位编辑老师们为本书出版所作出的辛勤工作。

本书的研究得到北京市自然科学基金面上项目8182017、8202017的资助，特此致谢！

本书的研究还得到"北京市人才强教计划、北方工业大学重点研究计划、北京市专项——专业建设（PXM2014_014212_000039）、2014追加专项——研究生创新平台建设（14085-45）、北京市教学改革立项与研究（PXM2015_014212_000029）、北方工业大学校内专项"的支持，在此一并致谢。